U0137138
華志文化

華志文化

孫子兵法
全書

前言

《孫子兵法》是我國最早的一部軍事著作，被稱為「兵經」。從它誕生的春秋戰國時代起，就備受軍事家們的喜歡。《孫子兵法》又稱為《孫武兵法》、《吳孫子兵法》等，是中國優秀傳統文化中的一朵奇葩，是世界三大兵書之一。它被翻譯成了二十多種語言，流傳海外。

除了軍事領域，《孫子兵法》還被廣泛應用到外交、企業管理等不同的領域。受到全世界人民的喜愛。在軍事方面，不少國家的軍校都把它列為教材。其博大精深的內容、深邃富前瞻性的思想、縝密嚴謹的邏輯，為一代代著名軍事家的成長提供了養料。據說在1991年波灣戰爭期間，交戰雙方都以《孫子兵法》作為參考，借鑑其軍事思想以作為戰事指導。

「《孫子兵法》的作者到底是誰？」這個問題在國內的學術界一直爭論不休。有一部分人認為其作者是春秋後期的吳國將軍孫武，還有一部分人認為是戰國中期曾任齊國軍師的孫臏。據相關資料記載，孫武和孫臏都有兵書傳世。唐代顏師古認為，孫武所著兵書為《吳孫子兵法》，而孫臏為《齊孫子兵法》。《漢書·藝文志》中也曾經記載在「兵權謀家」中有吳、齊兩部兵法著作。但是東漢以後，由於其中一部失傳，於是只剩下了《孫子兵法》。關於《孫子兵法》作者的猜測，自宋代以來一直就沒有停過。

有人認為《孫子兵法》是孫臏所著的，理由是：在《左傳》中，根本就沒有提起過孫武這個人。雖然《史記》中有關於孫武的記載，但是孫武在吳國殺死吳王愛妃的故事太過離奇，所以不足信。不僅如此，在《孫子兵法》中經常用到的辭彙，都是戰國時代流行而春秋時所未見的。

如《勢篇》中的「鬥眾如鬥寡，形名是也」中的「形名」，《九地篇》中「夫霸王之兵，伐大國，則其眾不得聚」的「霸王」，都是戰國的常用語，在春秋的著作中並不常見。

又如在《孫子兵法》中經常提到的武力規模經常是「十萬師」，但是在春秋時期大國用兵最多不過數百乘，也就是兩三萬人而已，到了戰國中期的時候才出現了十萬兵力出師打仗的情況。

春秋時期的戰爭一般都是由國君直接參與，或者由中軍元帥直接統禦。在《孫子兵法》中經常提到的「將」（比如「將受命於君」）則是在戰國時期才經常出現的領兵者名銜。

還有一部分研究《孫子兵法》的學者認為孫武與孫臏其實是一個人。現代學者錢穆在《先秦諸子繫年考辨》中指出：孫子在吳、齊兩國都待過，也許太史公司馬遷記錯了。

幸運的是，在1972年山東臨沂銀雀山的西漢墓葬中同時發現了書寫《孫子兵法》和《孫臏兵法》的大批竹簡。這個發現不僅讓失傳千年的《孫臏兵法》重新回到人們的視野，同時也從一個層面反映了孫武和孫臏都確有其人，並基本確認了《孫子兵法》的著作人。但是，仍然有學者堅信這不能說明《孫子兵法》就一定是孫武所作。因此，關於《孫子兵法》的著作人到底是誰至今仍然有爭議。

不管怎樣，作為中國古典文化的優秀遺產，《孫子兵法》以它優美的語言和深邃的思想為軍事、政治、經濟等領域提供了理論基礎。它在戰爭規律、哲理、謀略、政治、經濟、外交、天文、地理等方面都有涉及，是古代軍事學理論的寶庫和集大成者。它裡面的許多名言警句都為人們所熟知並傳誦，比如「兵不厭詐」，又比如「將在外，君命有所不受」、「背水一戰」等。

在新世代的社會變遷下，《孫子兵法》煥發了新的光彩。本書充分展示孫子兵法的精華，深入淺出。相信每一個捧讀之人都能夠感受到中華文化瑰寶的璀璨，並從中受益，在人生的戰場上克敵制勝。

目錄

第一篇 計 篇

第二篇 作戰篇

第三篇 謀攻篇

第四篇 形 篇

第五篇 勢 篇

第六篇 虛實篇

第七篇 軍爭篇

第八篇 九變篇

第九篇 行軍篇

第十篇 地形篇

第十一篇　九地篇

第十二篇　火攻篇

第十三篇　用間篇

第一篇 計篇

第一章 兵者，國之大事

【原文】

孫子曰：兵①者，國之大事②，死生之地，存亡之道③，不可不察④也。

【注釋】

①兵：本義指兵器，《說文解字》：「兵，械也。」後引申為兵士、軍隊、戰爭等，此處作戰爭、軍事解。

②國之大事：意為國家的重大事務。

③死生之地，存亡之道：意為戰爭直接關係到軍民的安危，國家的存亡。

④不可不察：察，仔細考察、研究。不可不察，意指不可不仔細審察，謹慎對待。

【名家點評】

死生之地，存亡之道，不可不察也。

杜牧曰：「國之存亡，人之死生，皆由於兵，故須審察也。」

【譯文】

孫子說：「戰爭是一個國家的頭等大事，關係到軍民的生死，國家的存亡，是不能不謹慎周密地觀察、分析、研究的。」

【延伸閱讀】

孫子所處時代是一個優勝劣敗、弱者先亡的時代。諸侯間的戰爭就是相互爭霸和兼併，無所謂正義與非正義。當時的周天子已失去天下之主的地位，齊、秦、晉、楚等強國先後稱霸，不斷擴大自己的領土和勢力範圍。面對這樣的形勢，如果安於現狀，不具有侵略性，除了甘心成為大國的附庸，只能是坐以待斃。

孫子說：戰爭是國家的大事，關係到國家的生死存亡，不能不認真地觀察和對待。

這裡所說的「兵」，指的是「戰爭」和「國防」。

《孫子兵法》的第一句話非常有氣勢，把對戰爭問題的認識提升到了國家生死存亡上來。這樣，《孫子兵法》全篇就被定位在國家安全的戰略高度上，使我們認識和研究戰爭問題處在一個非常高的戰略起點上。

「死生之地，存亡之道」這句話非常有分量，將戰爭問題的必要性分析得非常透徹，讓我們深刻認識到國家的責任感和使命感，並將這種責任融入了戰爭問題的研究中，而這一點，正是每一位戰略家必須具有的戰略感覺。

兵凶戰危。戰爭是人類社會最殘酷的競爭，它是解決政治問題的最後一種手段，它用實力說話，它最終用流血的方式來強迫失敗者臣服。戰爭的結局直接決定一個國家的命運，並且是用「生」與「死」、「存」與「亡」這種最慘痛的代價和最極端的選擇來決定一個國家的命運。如果在戰爭中失敗，就必須接受「死」與「亡」的現實，沒有討價還價的餘地，也沒有改正錯誤的機會。因此，國家的主宰者、戰爭的決策者，對戰爭問題不能有絲毫忽視，必須認真對待。

國家安全是國家的最大利益，戰爭是關係到國家安全的最大威脅。戰爭的發生或消失，並不以某個國家統治者的意志為轉移。無數歷史事實證明，不敢面對戰爭者，忽略戰爭存在者，最後都將被戰爭無情地吞噬掉。**我們必須具有憂患意識，要經常從自身的生死存亡考慮一些競爭方面的問題，尤其在和平的時候，在順利的時候，在勝利的時候。這不是危言聳聽。要記住：勝利和成功往往是最大的敵人！**

一隻野狼臥在草地上勤奮地磨牙，狐狸看到了，就對牠說：「天氣這麼好，大家在休息娛樂，你也加入到我們的隊伍中來吧！」野狼沒有說話，繼續磨牙，把牠的牙齒磨得又尖又利。

狐狸奇怪地問道：「森林這麼靜，獵人和獵狗已經回家了，老虎也不在近處徘徊了，又沒有任何危險，你何必那麼努力磨牙呢？」

野狼停下來回答說：「我磨牙並不是為了娛樂，你想想，如果有一天我被獵人或老虎追逐，到那時我想磨牙也來不及了。而平時我就把牙磨好，到那時就可以保護自己了。」

狼的這一番話發人深省，說明了我們在做事的時候，應該未雨綢繆、居安思危，這樣在危險突然降臨的時候，才不至於手忙腳亂。

西元前496年，吳王闔閭派兵攻打越國，但被越國擊敗，闔閭也傷重身亡。兩年後闔閭的兒子夫差率兵擊敗越國，越王勾踐被押送到吳國做奴隸，勾踐忍辱負重侍候吳王三年後，夫差才對他消除戒心，把他送回越國。

其實勾踐並沒有放棄復仇之心，他表面上對吳王服從，但暗中一直在訓練精兵，強政勵治，等待時機反擊吳國。艱苦能鍛鍊意志，安逸反而會消磨決心。勾踐害怕自己會貪圖眼前的安逸，消磨報仇雪恥的意志，所以他為自己安排了艱苦的生活環境。他晚上睡覺不用被褥，只鋪些柴草，又在屋裡掛了一隻苦膽，他不時會嘗嘗苦膽的味道，為的就是不忘過去的恥辱。

勾踐為鼓勵民眾，就和王后與人民不分身分一起工作，與越國人在同心協力之下使越國強大起來，最後找到了時機，把吳國給滅了。

如果吳王能夠明白：兵者，國之大事，死生之地，存亡之道，不可不察也。那麼就不會對越國放鬆警惕，最終被勾踐給滅了。

其實在現實生活中，我們在直接面對危險的時候，我們會用自己全部的力量去戰勝危險。而當安全的時候，卻往往不知道安全是不會永遠存在的，沒有做出迎接危險的準備，這樣我們就會受到傷害！我們應該全面地看問題，也要多觀察、多感受生活。懂得居安思危的人，才是笑到最後的人。

第二章　經之五事，知之者勝

【原文】

故經①之以五事，校之以計，而索其情②：一曰道③，二曰天，三曰地，四曰將，五曰法。道者，令民與上同意也④，故可以與之死，可以與之生，而不畏危⑤。天者，陰陽、寒暑、時制⑥也。地者，遠近、險易、廣狹、死生⑦也。將者，智、信、仁、勇、嚴⑧也。法者，曲制、官道、主用⑨也。凡此五者，將莫不聞，知之者勝，不知者不勝。

【注釋】

①經：度量、衡量的意思。

②校之以計，而索其情：校，衡量、比較。索，考索、探索。情，情勢、實情，也可理解為規律。

③道：本義是道路，後引申為事理、規律、方法等。

④令民與上同意也：令，使、教的意思。民，普通民眾、老百姓。上，君主、統治者。意，意志、意願。

⑤可以與之死，可以與之生，而不畏危：意為民眾與統治者一條心，樂於為君主出生入死而毫不畏懼危險。不畏危，不害怕危險。

⑥陰陽、寒暑、時制：陰陽，指晝夜、陰晴等天時氣象的變化。寒暑，指寒冷、炎熱等氣溫差異。時制，指四季的更替。

⑦遠近、險易、廣狹、死生：遠近，指作戰區域的距離遠近。險易，指地勢的險厄或平坦。廣狹，指戰場面積的寬闊或狹窄。死生，指地形條件是否利於攻守進退。

⑧智、信、仁、勇、嚴：智，足智多謀，計出萬端。

信，賞罰有信，令行禁止。仁，愛撫士卒，關懷百姓。勇，英勇善戰，殺敵致果。嚴，嚴於律己，執法必嚴。

⑨曲制、官道、主用：曲制，有關軍隊的組織編制、通信聯絡等具體制度。官道，指各級將吏的管理制度。主用，指各類軍需物資，如車馬兵甲、衣裝糧秣的後勤補給制度。

【名家點評】

將者，智、信、仁、勇、嚴也。

梅堯臣曰：「智能發謀，信能賞罰，仁能附眾，勇能果斷，嚴能立威。」

【譯文】

因此，必須透過敵我雙方五個方面的分析，得到詳情，來預測戰爭勝負的可能性。一是道，二是天，三是地，四是將，五是法。

道：指民眾和君主目標相同，意志統一，可以同生共死，而不會懼怕危險。

天：指晝夜、陰晴、寒暑、四季更替。

地：指地勢的高低，路程的遠近，地勢的險要、平坦與否，戰場的廣闊、狹窄，是生地還是死地等地理條件。

將：指將領足智多謀，賞罰有信，對部下真心關愛，勇敢果斷，軍紀嚴明。

法：指組織結構、責權劃分、人員編制、管理制度、資源保障、物資調配。對這五個方面，將領都不能不深刻了解。了解就能勝利，否則就不能勝利。

【延伸閱讀】

在本章中，孫子主要闡述了在打仗時五個決定戰爭勝敗的重要因素。

第一個因素是「道」：就是一切要依照規律行事，要鞏固好軍隊的向心力，使得軍官和士兵都有相同的意願，使得他們可以同生死共患難，使得軍隊上下士氣高漲。

第二個因素是「天」：就是「天時」，具體指的是天氣陰陽變化，春夏秋冬四季更替。

第三個因素是「地」：就是地理條件，例如：距離遠近、地形險易、幅員廣狹、地形是否有利等。

第四個因素是「將」：就是指揮軍隊的人是否有智慧？是否講信義？是否有仁慈之心？是否勇敢機智？是否治軍嚴格？

第五個因素是「法」：就是治理軍隊要有方法，例如：軍隊建制是否合理？各級將史職責是否明確？各類軍需物質是否籌備齊全？

對於一個國家來說，指揮軍隊的將領必需要弄明白以上五個因素，只要清楚了五個因素，那麼勝利就會到來。如果忽略了五個因素其中的任何一個，那麼就將面臨失敗。

其實，孫子的治軍之道完全可以借鑑到企業的管理中來。用「道」、「天」、「地」、「將」、「法」這五種因素來管理企業，企業也可以像軍隊一樣治理得井井有條。

所謂的「道」：就是一切要依照公司規章辦事，要加強員工的向心力，使得企業管理者與員工都有相同的意願，使得他們可以同心協力，使得企業上下士氣高漲。

所謂的「天」：就是企業產品要符合市場需求，企業要有強大的創新能力，賦予產品在市場上超強的競爭力。

所謂的「地」：就是地理條件，企業要確保充足而低成本的原料供應，就是要確保快捷而低成本的原料物流管道，而且還要確保產品銷售的口岸優勢，最後要確保充足的人才儲備。

所謂的「將」：就是企業要有得力的各級管理人才，他們有智慧、講信義、有仁慈之心、果敢機智並且管理嚴格。

所謂的「法」：就是治理企業要有要領，諸如：企業建制是否合理？各級主管職責是否分工明確？各類物資是否籌備充足？

有企業管理經驗的人都應該明白，如果一個企業具備了上述五個因素的話，那麼這個企業一定能管得好。

第三章 校之以七計

【原文】

故校之以計，而索其情，曰：主孰有道①？將孰有能②？天地孰得③？法令孰行④？兵眾孰強⑤？士卒孰練⑥？賞罰孰明⑦？吾以此知勝負矣。

【注釋】

①主孰有道：哪一方國君為政清明，擁有廣大民眾的支持。主，君主、統治者。孰，疑問代詞，誰，這裡指哪一方。道，有道，政治清明。

②將孰有能：哪一方的將領更有才能。

③天地孰得：哪一方擁有天時、地利。

④法令孰行：哪一方能對法令規章認真加以執行。

⑤兵眾孰強：哪一方兵器鋒利，士卒眾多，軍隊強大。兵，在這裡是指兵器。

⑥士卒孰練：哪一方的軍隊訓練有素。

⑦賞罰孰明：哪一方的獎懲能做到公正無私。

【名家點評】

故校之以計，而索其情。

曹操曰：「同聞五者，將知其變極，即勝也。索其情者，勝負之情。」

【譯文】

所以，要透過對雙方各種情況的考察分析，並據此加以比較，哪一方的君主是有道明君，能得民心？哪一方的將領更有能力？哪一方佔有天時地利？哪一方的法規、法令更能嚴格執行？哪一方的裝備更精良，兵員更多？哪一方的士兵訓練更有素，更有戰鬥力？哪一方的賞罰更公正嚴明？透過這些比較，我就知道了勝負。

【延伸閱讀】

孫子提出了決定戰爭勝負的五個要素後，緊接著又教給我們一種能判斷勝負的方法：

①判斷最高領導者是否得人心。

②判斷將領究竟有多大才能。

③判斷是否得天時地利。

④判斷法令的執行情況。

⑤判斷軍隊的裝備是否精良。

⑥判斷士卒的訓練情況。

⑦判斷賞罰是否分明。

透過這七項比較，最高領導者就可以判斷勝負了。

這七種判斷方法被孫子稱為「七計」，是對反映雙方戰爭能力的七項指標進行動態分析、定量分析，重點還要看雙方組織戰爭的實際運作能力。

戰爭是雙方軍隊組織起來進行高度機動性的對抗，僅憑「五事」的靜態定性分析還不能準確地判斷戰爭的勝負，所以孫子又提出了「七計」，從敵我雙方的動態比較進行定量分析，進一步考察雙方的實際運作能力。所以「七計」側重看誰占的有利條件多，誰潛力發揮得好，從其中作出正確決策。

現代決策理論認為，一個科學決策必須建立在多種可行性方案評價選優的基礎之上。方案選優的過程，一般都屬於定量分析的過程。有沒有定量分析是劃分科學決策與經驗決策的分水嶺。定量分析是定性分析的工具，一般是依靠各種專業人員，借助各種模型，對各種替換方案進行系統分析與評估測量。一個科學的決策總是從定性分析開始，經過定性分析、定量分析以取得最優結果。孫子的「七計」就是透過對七項指標進行的定量分析，對組織的實際運行能力進行評價與不斷優化。

根據現代決策理論，任何組織的正確決策，既不能脫離現實環境的許可，也不能超越自身能力的限制。孫子的「五事七計」，正是從社會環境與自身能力入手進行分析，從而為正確決策奠定了基礎。

很久以前，有一個人偷了一袋洋蔥，後來被人抓住了，把他送到了法官面前。經過法官驗明事實後，提出了三個懲罰方案讓這個人自行選擇：一是一次性吃掉所有的洋蔥，二是鞭打一百下，三是繳納罰金。

最後，這個人的選擇是一次性吃掉所有的洋蔥。一開始，他信心十足，可是吃下幾個洋蔥之後，他的眼睛像火燒一樣，嘴像火烤一般，鼻涕不停地流淌。於是他很痛苦地說：「我一口洋蔥也吃不下了，你們還是鞭打我吧！」可是，在被鞭打了幾十下之後，他再也受不了了，在地上翻滾著躲避皮鞭。他哭喊道：「不要再打了，我願意繳罰金。」

後來，這個人成了全城人的笑柄，因為他本來只需要接受一種懲罰的，卻將三種懲罰都嘗遍了。

其實，生活中我們許多人都有過類似的經歷，由於我們對自己的能力缺乏足夠的了解，導致決策失誤，而嚐到了許多不必要的苦頭。

從這個笑話我們可以看出，每個人都時刻面臨著決策，要善於作出理性的決策。所謂「決策」一詞的意思是作出決定或選擇，就是指透過分析、比較，在若干種可供選擇的方案中選定最優方案的過程。決策是組織或個人為了實現某種目標而對未來一定時期內有關活動的方向、內容以及方式的選擇或調整過程。

決策對一個企業的發展影響至深，作出正確的決策關鍵在於上次主管如何作出選擇。時下，許多人喜歡把公司的「一把手」（決策者）喊作「老闆」。他們是這樣理解的：一是老是板著臉的人，二是總是跟人叫板的人，三是老是最後拍板的人。第三種說法倒十分形象生動，說明了「一把手」總是在作決策。管理者的重要職責是作決策。一個企業領導對項目的決策失誤，可能就會導致企業瀕臨困境，而一些地方官員「走過場」式的決策失誤，甚至可能延遲地方幾年的發展。領導者必須不斷提高科學決策的水準，快速準確判斷發展趨勢，把握發展變化的內在規律與外在現象，推動工作不斷發展進步。

我們每一個人一定要把孫子的「五事七計」記在心中，時刻提醒自己在面臨決策的時候要保持清醒的頭腦，多方考察，最後作出正確的選擇。

第四章　勢者，因利而制權也

【原文】

將聽吾計①，用之必勝，留之；將不聽吾計，用之必敗，去②之。計利以聽③，乃為之勢④，以佐其外⑤。勢者，因利而制權⑥也。

【注釋】

①將聽吾計：將，助動詞，表示假設，意為假如、如果。本句意為如果能聽從、採納我的計謀。

②去：離開。

③計利以聽：計利，計算、衡量敵我雙方的有利或不利條件。以，通「已」，已然、業已的意思。

④乃為之勢：意思是指造成一種積極有利的軍事態勢。乃，於是、就的意思。為，創造、造就。勢，態勢。

⑤以佐其外：作為輔佐以爭取戰爭的勝利。佐，輔佐、輔助。

⑥因利而制權：意為根據利害得失情況而靈活採取恰當的對策。因，根據、憑依。制，這裡是決定、採取的意思。權，本義是秤砣，用作動詞，即思量輕重，權衡利弊，此處引申為權變，靈活處置之意。

【名家點評】

勢者，因利而制權也。曹操曰：「制由權也，權因事制也。」

【譯文】

如果能聽從我的計謀，指揮作戰就一定會取勝，我就留下。假如不能聽從我的計謀，指揮作戰就必敗無疑，我就告辭離去。在精心籌畫的方略已被採納的情況下，還要設法造成一種態勢，用來輔佐戰略計畫的實現。所謂態勢，即是依憑有利於己的條件，採取靈活機動的應變措施，以掌握戰場上的主動權。

【延伸閱讀】

「計利以聽，乃為之勢，以佐其外。勢者，因利而制權也。」根據此原則，形成一種完整的氣勢，以為外在的軍威形象。這種態勢，這種給人以出師必勝的局面，要用鐵腕權力造成。

西元1642年（明思宗崇禎十五年）十一月，李自成擬率軍攻打襄陽明軍左良玉部。有人建議應當首先攻打駐汝寧的明軍楊文岳部。因為左良玉部剛剛打了敗仗，必然對李軍心存畏懼。如果李軍進攻楊文岳部，左良玉部出援的可能性很小；如果令李軍進攻左良玉部，則楊文岳部出援的可能性就很大。李自成採納了這一建議，於十三日率十三軍攻打楊文岳部。楊文岳親率戰鬥力較強的保定兵守汝寧城西，以戰鬥力較弱的四川兵守城東。李自成採取先弱後強、各個擊破的戰法，以一部兵力牽制保定兵，以主力攻打四川兵。經一夜激戰，李軍擊破城東四川兵後，集中優勢兵力攻破城西保定兵防線。次日，攻破汝寧城，全殲守敵，俘楊文岳。

此即為了解敵情後對勢的調整。

1945年初，德國百萬大軍退守在柏林附近，構築堅固的防禦陣地，蘇軍派航空兵六次拍攝柏林及其接近地和防禦地帶，製作了詳細的地圖、圖表和精確模型。四月十六日清晨，蘇軍發起總攻時，以一百四十餘部探照燈和所有坦克、卡車燈構成的大功率電光劃破夜幕，突然照射德軍前沿陣地。德軍眼花瞭亂、驚恐萬狀。接著，蘇軍數千門大炮、迫擊炮和自走炮同時開火，德軍陣地頓時變成一片火海。激戰至黎明，蘇軍順利地突破了德軍的堅固防線。

此為「勢」之威力。

西元202年（東漢建安七年）正月，袁尚、袁熙率兵投奔遼東太守公孫康。部下勸曹操出兵征討。曹操回答說：「我可以讓公孫康斬了袁尚、袁熙，把他們的首級送來，不必我們出兵。」建安十二年九月，公孫康果然送來了袁尚、袁熙的首級。眾將問曹操是什麼原因。曹操說：「公孫康素來畏懼袁尚等人，如果我操之過急，公孫康和袁尚就會齊心協力；而我鬆緩一下，公孫康、袁尚就會互相圖謀，這是必然的結果。」這樣，曹操兵不血刃，巧妙地利用敵人的內部矛盾，輔以相應的行動，達到了致勝的目的。

「不戰而屈人之兵」，此為「勢」之無形的壓力。

第五章 兵者，詭道也

【原文】

兵者，詭道也①。故能而示之不能②，用而示之不用③，近而示之遠，遠而示之近④。利而誘之⑤，亂而取之⑥，實而備之⑦，強而避之，怒而撓之⑧，卑而驕之⑨，佚而勞之⑩，親而離之⑪。攻其無備，出其不意。此兵家之勝⑫，不可先傳⑬也。

【注釋】

①兵者，詭道也：兵，用兵打仗。詭道，詭詐的行為或方式。

②能而示之不能：能，有能力，能夠。示，顯示、假裝。

③用而示之不用：實際要打，卻假裝不想打。用，用兵。

④近而示之遠，遠而示之近：實際要進攻近處，卻裝作要進攻遠處；實際要進攻遠處，卻顯示要進攻近處，致使敵人無從防備。

⑤利而誘之：利，此處作動詞用，貪利的意思。誘，引誘、誘使。意為敵人貪利，則用小利加以引誘，伺機進行打擊。

⑥亂而取之：亂，混亂。取，乘機進攻，奪取勝利。

⑦實而備之：備，防備，防範。意思是說對付實力雄厚之敵，需嚴加防備。

⑧怒而撓之：怒，容易生氣、憤怒。撓，挑逗、擾亂、騷擾的意思。意為敵人暴躁易怒，就設法挑釁激怒他。

⑨卑而驕之：卑，小、怯。言敵人卑怯謹慎，則應設法使其變得驕傲自大，然後伺機破之。

⑩佚而勞之：佚，同「逸」，安逸、自在。勞，疲勞，用作動詞。敵方安逸，就設法使他疲勞。

⑪親而離之：親，親近、團結。離，離間。

⑫兵家之勝：兵家，軍事家。勝，奧妙、勝券。

⑬不可先傳：先，預先、事先。傳，傳授、規定。言不能夠事先傳授，必須根據具體情況靈活應用。

【名家點評】

兵者，詭道也。

曹操曰：「兵無常形，以詭詐為道。」

李筌曰：「軍不厭詐。」

【譯文】

用兵作戰，就是詭詐。因此，有能力而裝作沒有能力，實際上要攻打而裝作不攻打，欲攻打近處卻裝作攻打遠處，攻打遠處卻裝作攻打近處。對方貪利，就用利益誘惑他；對方混亂，就乘機攻取他；對方實力雄厚，就要時刻戒備他；對方精銳強大，就要注意避開他的鋒芒；對方暴躁易怒，就可以撩撥他，使他失去理智；對方卑怯而謹慎，就使他驕傲自大；對方體力充沛，就使其勞累；對方內部親密團結，就挑撥離間。要攻打對方沒有防備的地方，在對方沒有料到的時機發動進攻。這些都是軍事家克敵制勝的訣竅，是不能夠事先規定或說明的。

【延伸閱讀】

孫子說：「兵者，詭道。」又說：「兵以詐立。」這兩句闡明了一個重要的思想：即在與敵人作戰時，必須以「詭詐」待之，方能取勝。至於運用詭詐的具體方法，孫子明確指出：「故能而示之不能，用而示之不用，近而示之遠，遠而示之近。利而誘之，亂而取之，實而備之，強而避之，怒而撓之，卑而驕之，佚而勞之，親而離之。攻其無備，出其不意。」不少學者稱其為「詭道十二法」。其實，這並不確切，因為後面的「攻其無備，出其不意」，同樣屬於「詭道」。故按每一短句作為一法，應該是「詭道十四法」。

孫子能提出「兵者詭道」、「兵以詐立」的見解，並論述了那麼多詭詐戰術的具體方法，這並不是偶然的，綜觀孫子詭詐戰術的來源，約有如下數端：

第一，家庭薰陶。孫武的祖先原來是陳國的君主。至陳厲公子完，由於內亂而不得立，逃奔齊國，當了管理百工之事的「工正」，分得一塊采邑作為世襲領地。陳完在齊國積極活動，傳至四世陳無宇（桓子）時，已官至上大夫。他就是孫武的曾祖父。陳無宇領導了齊國國內外歷次戰爭，取得了重大勝利，累積了豐富的戰術經驗。孫武的祖父孫書（因戰功被賜姓孫）更是一位善於帶兵作戰的將領。孫武從小耳濡目染，甚至直接聆聽過祖父對於戰術的一些分析，他的「兵者詭道」、「兵以詐立」的思想，可能從小就已經萌芽。

第二，歷史經驗。孫武早年聽到許多傳說故事，讀過大量文獻典籍，對於歷史上姜太公等兵略大家作過認真的鑽研。

第三，當時的戰爭。在春秋時代，各國之間以及華夏族與戎狄部落之間日益頻繁的戰爭中，詭詐戰術已相當多樣和成熟。

孫子詭詐戰術的形成，除了祖上的傳授和研究歷史上的戰術之外，更主要的是吸取當時戰爭經驗的結果。

孫子的詭詐戰術由於其內容的豐富多彩，在實踐中行之有效，因而對後世產生了深遠的影響。

戰國時代，孫武的後輩孫臏在其所著兵法中，對「示形」、「攻其無備，出其不意」等戰術，作了具體的發揮。在桂陵和馬陵兩大戰役中，他綜合運用了「使怒」、「使驕」、「利誘」、「攻其必救」等戰術，取得大勝。秦漢間戰事頻繁，孫子的詭詐戰術為用兵者所熟諳。魏晉間戰爭迭起，人們對孫子詭詐戰術的運用達到了巔峰。有人評論曹操的用兵之術說：「其行軍用師，大較依孫吳之法，而因事設奇，譎敵致勝，變化如神。」可見曹操對詭詐戰術的精通。隋唐時期，孫子的詭詐戰術亦為用兵者所重視。唐初名將

李靖常與唐太宗討論兵事，後人根據有關資料，撰成《李衛公問對》一書。書中大量引用孫子「利而誘之，亂而取之」、「能而示之不能」、「奇正之變，不可勝窮」等論述。明代抗倭名將戚繼光對孫子的詭詐戰術也十分讚賞。他經常引用孫子的詭道「不戰而屈人之兵」、「置諸亡地而後存」、「擊其惰歸」等，作為致勝敵人的法寶。由此看來，自戰國以後的兩千多年中，孫子的詭詐戰術一直為用兵者所熟知，成為他們作戰取勝的指南。

到了近代，雖然武器有了極大的進步，戰爭的方式也隨之發生變化，但所用的戰略戰術並沒有多大更改。因此，孫子的詭詐戰術仍為用兵者所高度重視。太平天國的許多將領和鎮壓太平天國的曾國藩、胡林翼等人，對於詭詐戰術都做過研究。

在民國初年的戰爭中，對孫子詭詐戰術的運用乃：「有計劃地造成敵人的錯覺，給以出其不意的攻擊，是造成優勢和奪取主動的方法。」可見，對於孫子的「示形」、「避銳擊惰」、「避實擊虛」、「攻其無備，出其不意」等戰術的作用，都有深切的體會，對孫子的詭詐戰術也有更深入的研究。「攻其無備，出其不意，乃取勝之道也」「攻其所必救，殲其救者」「以虛對實，以實對虛」。《我們需要的偽裝法》一文，甚至主張把軍事上的「偽裝法」發展成為一種專門的學問。

值得注意的是，孫子的詭詐戰術在近現代的世界戰爭中，同樣發揮了極大的作用。1904年日俄戰爭時，日海軍司令東鄉平八郎曾運用孫子「以逸待勞，以飽待饑」的戰術，於對馬海戰中大敗俄國海軍。

未來的戰爭雖然有遠射程的洲際導彈和威力無比的核武器，但戰爭時雙方處於對立狀態的基本格局不會改變，因此，孫子的詭詐戰術在未來的戰爭中還是極有用的。認真地研究這些戰術，批判吸取其合理的成分，對於加強國防的現代化建設，在未來的戰爭中機智靈活地擊敗來犯的敵人，無疑是很有意義的。

第六章　多算勝，少算不勝

【原文】

夫未戰而廟算①勝者，得算多也②；未戰而廟算不勝者，得算少也。多算勝，少算不勝，而況於無算乎③？吾以此觀之，勝負見矣④。

【注釋】

①廟算：廟，古代祭祀祖先與商議國事的場所。算，計算、籌算。古代興師作戰之前，通常要在廟堂上商議謀劃，分析戰爭利害得失，制訂作戰方略。這一作戰準備過程就叫做「廟算」。

②得算多也：意為取勝的條件充分、眾多。算，即「筭」，古代計數用的籌碼，此處引申為勝利的條件。

③多算勝，少算不勝，而況於無算乎：而況，何況。於，至於。言勝利條件具備多者可以獲勝，反之，則無法取勝，更何況不曾具備任何取勝條件呢？按，孫子的廟算決勝論實際上是實力決勝論。也即說，實力是基礎和前提，詭道是運用和發揮實力的手段與方法。只有實力與詭詐權譎兩者完美結合，相輔相成，方能在戰爭中穩操勝券，所向無敵。

④勝負見矣：勝負的結果顯而易見。見，同「現」，顯現。

【名家點評】

多算勝，少算不勝，而況於無算乎？

梅堯臣曰：「多算，故未戰而廟謀先勝；少算，故未戰而廟謀不勝。是不可無算矣。

【譯文】

未開戰而在廟算中就認為會勝利的，是因為具備的致勝條件多；未開戰而在廟算中就認為不能勝利的，是具備的致勝條件少。具備致勝條件多就勝，少就不勝，何況一個致勝條件也不具備的呢？我從這些對比分析來看，勝負的情形就得出來了！

【延伸閱讀】

在作戰之前詳盡周密地調查分析敵我雙方各方面的形勢及作戰條件。在能確認我方無特殊原因必勝的情況下，在實戰中我方勝算就會較大，反之如果分析得出我方致勝條件不是很充分，那麼在實戰中取得勝利的機會就微乎其微。如果乾脆就不去考量雙方作戰的條件而聽天由命，或是在調查分析中得出對我軍不利的結論，那麼實戰會證明我軍會戰敗。

「多算勝，少算不勝，而況無算乎？」孫武在本書首篇的最後一章，用點睛之筆告訴我們在作戰準備前「算」的重要性。

有趣的是，「算」字的解釋不盡相同，由此帶來了對孫子思想不同的解讀。「夫未戰而廟算勝者，得算多也；未戰而廟算不勝者，得算少也。多算勝，少算不勝，而況於無算乎？」對其中的「算」字，專家們的解釋一般是，「算」本是計數用的籌碼，引申為勝利的條件。他們認為《孫子兵法》中這裡的幾個「算」字意思相同。翻譯為：開戰之前就預計能取勝的，是因為籌畫周密，勝利條件充分；開戰之前就預計不能取勝的，是因為籌畫不周，勝利條件不足。籌畫周密、條件充分就能取勝；籌畫疏漏、條件不足就會失敗，更何況不作籌畫、毫無致勝條件呢？

研究戰略理論的專家鈕先鐘先生有不同的解釋。對於「得算多」和「得算少」中的「算」，他的解釋和其他軍事專家們的解釋基本一致——大體上都認為「算」是名詞，指客觀上能夠取勝的條件。但對於「多算勝」和「少算不勝」中的「算」，他卻認為是動詞，指的是統軍將帥們的分析研究，是「計算」的意思。「多算」就是反覆地研究謀劃，也就是細算、精算的意思。「少算」就是大概地謀算一下，也就是粗算的意思。對內涵偉大的作品有不同釋義是正常的，雙方所看問題的角度不同而已。

在戰事中我們要「算」才能取勝，但是在算的過程中我們也需保持清醒的頭腦，正確估計戰事雙方的情況。

在當今的國際戰事黎以衝突中，以色列就錯誤地估計了國際形勢對戰事雙方國參戰條件的影響。

黎巴嫩南部與以色列北部接壤。長期以來，黎、以一直處於敵對狀態。從20世紀60年代末開始，由於巴勒斯坦游擊隊轉移到黎巴嫩，並以黎作為抗擊以色列的基地，以色列經常對黎進行軍事打擊，致使黎以衝突不斷。1996年四月，為報復真主黨武裝對以北部的火箭襲擊，以對黎南部地區展開大規模軍事行動。黎以軍事衝突持續了十六天之久，造成黎一百六十多人死亡，數百人受傷，五十多萬人淪為難民。二十六日，黎、以雙方達成停火協定。90年代中期正是美國與幾個重量級的國際巨頭霸權與反霸權的關鍵時期。後者已經不同程度地處在了同一戰線上，暗中聯合起來和美國抗爭。正因為如此，美國的霸權之爭已經有些步履維艱。在這種情況下，以色列發動看似由真主黨挑起的黎以衝突。如果以色列在黎以衝突中占了上風，就等於替美國人爭取了主動，讓美國可以利用黎以問題上的主動權迫使其他幾個巨頭在其他問題上做出讓步。

因此黎以一開打，以色列就等於把自己擺到了抗美戰線的對立面上。所以，儘管以色列公開的對手是真主黨，半公開的是敘利亞、伊朗，可是暗地裡的對手卻遠遠多於這些。以色列在這場戰事中不僅對對方的「算」實在是做得太差，而且對自身的軍事力量也沒有「算」清楚。經常使用武力——尤其是使用武力往往能順利地達到預期目的，容易讓武力的使用者產生錯覺，進而濫用武力。以色列和美國都是如此。歷次中東戰爭的不俗表現，使以色列人可以在中東顧盼自雄，而且以色列乃中東軍事強國的觀念在阿拉伯國家和世界其他國家那裡也有相當大的市場。

然而在戰爭中取得勝利，武力不是唯一的條件。對天時、地利、人和等各方面的考慮都要謹慎，每一次作戰都應該「未戰而廟算」，無論過去有多麼輝煌的戰績。「多算勝，少算不勝，而況於無算乎？」以色列輝煌的戰績和強大的軍備顯然成了這次黎以衝突中以軍的絆腳石，使其無法適應新的戰爭形勢。

本章中的「算」不僅可以用於戰事當中，我們在生活中對待理想與現實的時候也需要「算」。我們要正確分析所追求的目標和自己本身的條件，揚長避短有的放矢，切勿好高騖遠盲目追求。換句話說，我們既要有乘風破浪的衝勁，也要有理性的頭腦，這樣才能讓我們的夢想兼顧現實。

第二篇

作戰篇

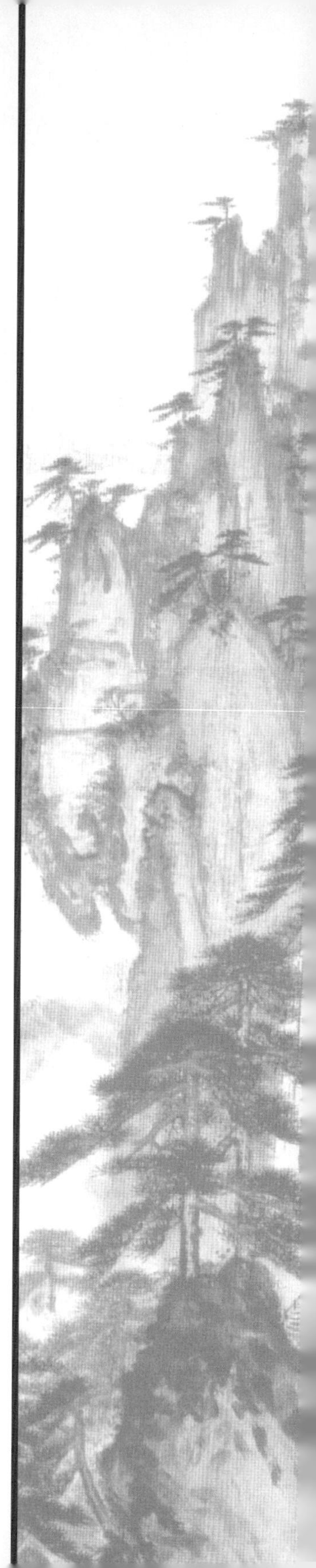

第一章 兵馬未動，糧草先行

【原文】

孫子曰：凡用兵之法：馳車千駟①，革車千乘②，帶甲③十萬，千里饋糧④，則內外之費⑤，賓客之用⑥，膠漆之材⑦，車甲之奉⑧，日費千金⑨，然後十萬之師舉⑩矣。

【注釋】

①馳車千駟：戰車千輛。馳，奔、驅的意思。馳車，快速輕捷的戰車，古代亦稱「輕車」、「攻車」。駟，原稱駕一輛車的四匹馬，後通指四匹馬拉的戰車，此處作量詞用。

②革車千乘：專門用於運載糧草和軍需物資的輜重車千輛。革車，一般認為就是守車、重車、輜車。乘，輛，也是古代一輛四匹馬拉的車子。《說文》：「車軛駕馬上曰乘，馬必四，故四馬為一乘。」這裡也作量詞用。

③帶甲：戴盔披甲，此處指全副武裝的士卒。

④千里饋糧：當時的戰爭往往都是深入敵境，遠離後方，所以需要有很長的後勤補給線，跋涉千里輾轉運輸糧草。饋，這裡作供應、運送解。

⑤則內外之費：內外，這裡指前方、後方。此句意為前方後方的開支花費。

⑥賓客之用：指招待諸侯國使節、游士的費用。賓客，諸侯使節以及游士。

⑦膠漆之材：通指製作和維修弓矢等軍用器械的物資材料。

⑧車甲之奉：泛指武器裝備保養、補充的開銷。車甲，車輛、盔甲。奉，同「俸」，費用、開銷的意思。

⑨日費千金：每天都要花費大量的財力。千金，巨額錢財。

⑩舉：出動。

【譯文】

孫子說：要興兵作戰，需做的物資準備有：輕車千輛，重車千輛，全副武裝的士兵十萬，並向千里之外運送糧食，那麼前後方的軍內外開支，招待使節、策士的用度，用於武器維修的膠漆等材料費用，保養戰車、甲冑的支出等，每天要消耗千金。按照這樣的標準準備之後，十萬大軍才可出發上戰場。

【名家點評】

孫子曰：凡用兵之法：馳車千駟，革車千乘，帶甲十萬。

梅堯臣曰：「馳車，輕車也；革車，重車也。凡輕車一乘，甲士、步卒二十五人；重車一乘，甲士、步卒七十五人。舉二車各千乘，是帶甲者十萬人。」

【延伸閱讀】

「兵馬未動，糧草先行。」孫子的這句名言在中國老百姓中口耳相傳。也許人們並沒有研讀過《孫子兵法》，但對這句話的實質意義卻能夠了然於心。「糧草」是一個統稱，指的是戰爭物資。要上戰場了，要去收復失地或占領城池了，為「舉十萬師」保駕護航的是戰爭物資。在古代戰爭中所需準備的東西，孫子在這一章中為我們列了清單：輕車千輛，重車千輛，全副武裝的士兵十萬，向千里之外運送糧食，前後方的軍內外開支，招待使節、策士的用度，用於武器維修的膠漆等材料費用，保養戰車、甲冑的支出等，每天要耗費千金。並且告訴我們，只有這些物資貯備充足了才能不使前期的苦心策劃付之東流，才能一鼓作氣打個大勝仗。

人生如戰場，我們要在自己的生活中打個大勝仗同樣要準備充足的物資。這裡的物資就不是戰車糧草了，而是知識的儲備，經驗的累積。

人生一世不可虛度，我們每個人都有自己的戰場，如果你想贏，就要準備物資，厚積而薄發。然而準備的過程是艱苦的，你準備好了嗎？

第二章 速戰速勝，緩而敗之

【原文】

其用戰也勝①，久則鈍兵挫銳②，攻城則力屈③，久暴師則國用不足④。夫鈍兵挫銳，屈力殫貨⑤，則諸侯乘其弊而起⑥，雖有智者，不能善其後矣⑦。故兵聞拙速，未睹巧之久也⑧。夫兵久而國利者，未之有也⑨。故不盡知用兵之害者，則不能盡知用兵之利⑩也。

【注釋】

①其用戰也勝：指在戰爭耗費巨大的情況下用兵打仗，就要求做到速戰速勝。勝，取勝，這裡作速勝解。

②久則鈍兵挫銳：意為用兵曠日持久就會導致軍隊疲憊，銳氣挫傷。鈍，疲憊、困乏的意思。挫，挫傷。銳，銳氣。

③攻城則力屈：力屈，指力量耗盡。屈，通「絀」，竭盡。

④久暴師則國用不足：意為長久陳師於外就會給國家經濟造成困難。暴，露，「曝」的本字。國用，國家的開支。

⑤屈力殫貨：指力量耗盡，經濟枯竭。殫，枯竭。貨，財貨，此處指經濟。

⑥諸侯乘其弊而起：其他諸侯國家便會利用這種危機前來進攻。弊，疲困，此處作危機、危難解。

⑦雖有智者，不能善其後矣：意為即便有智慧超群的人，也將無法挽回既成的敗局。後，後事，此處指敗局。

⑧兵聞拙速，未睹巧之久也：所以，在實際作戰中，只聽說將領缺少高招難以速勝，卻沒有見過指揮高明巧於持久

作戰的。

⑨夫兵久而國利者，未之有也：意為長期用兵而有利於國家的情況，從來不曾有過。

⑩不盡知用兵之害者，則不能盡知用兵之利：不盡知，不完全了解。知，了解、認識。害，害處、危害。利，利益、好處。意為必須充分認識用兵的危險性。

【譯文】

因此，軍隊作戰就要求速勝，如果拖得很久則軍隊必然疲憊，挫失銳氣。一旦攻城，則兵力將耗盡，長期在外作戰還必然導致國家財用不足。如果軍隊因久戰疲憊不堪，銳氣受挫，軍事實力耗盡，國內物資枯竭，其他諸侯必定趁火打劫。即使足智多謀之士也無良策來挽救危亡了。所以，在實際作戰中，只聽說將領缺少高招難以速勝，卻沒有見過指揮高明巧於持久作戰的。戰爭曠日持久而有利於國家的事，從來沒有過。所以，不能詳盡地了解用兵的害處，就不能全面地了解用兵的益處。

【名家點評】

故不盡知用兵之害者，則不能盡知用兵之利也。

李筌曰：「利害相依之所生，先知其害，然後知其利也。」

【延伸閱讀】

「速戰速勝，緩而敗之。」孫子寫到這裡，就已經把形勢拉到了戰場上。前期工作已經準備充足，如今到了戰場，戰事即將拉開帷幕。作戰時不能再猶豫，再考慮，一定要速戰速決，盡可能快地結束戰事。戰事拖得越長，軍隊越疲憊，物資越匱乏，勝利就會越來越難。

孫子在戰事上是講究「算」的，但這個「算」不是在戰場上，是在準備發動戰爭之前做準備，萬事俱備了才能等東風。但是東風來時你就不要考慮風力夠不夠大，風向會不會改。機遇瞬間而逝，想到就立刻去做。

面臨機遇就像蒞臨戰場，永遠存在變數，存在風險。但在經過了深思熟慮準備充足之後再次面臨抉擇的時候，一定是「速戰速勝，緩而敗之」。眾所周知的比爾．蓋茲就是面臨機遇時速戰速決而取得勝利的最好例子。

20世紀70年代之前，電腦中的大型機佔據著主導市場，它們藏身於高等學府的實驗室或科學家們的科研室，需要多人站立操作。構成它們的元件龐大，如果強行縮小配置又不夠大，也沒有正式的電腦程式語言。家庭電腦甚至沒有走入人們的意識裡。

1975年，比爾．蓋茲還是哈佛大學法律系二年級的學生，一天他在《大眾電子學》封面上看到Inter個人電腦的照片，這一發現使從小就在電腦方面顯示出過人才能的比爾．蓋茲興奮不已。他相信個人電腦的時代即將到來。

比爾．蓋茲主動給MJTS公司的老闆寫信，要為他的個人電腦配備BASTC語言程式。這套簡單的程式讓瀕臨破產的艾德．羅伯茨憑藉可以簡單操作的小型電腦重新獲得了生機。幾乎在一夜之間，MJTS公司所收到的現款不但填平了三十萬美元的赤字，而且還有了二十五萬美元的盈餘。擁有個人電腦的機會吸引著成千上萬的人，他們把支票和匯款寄往他們從來沒有聽說過的公司。更有一些電腦迷乘坐飛機來到阿爾伯克爾基，希望能夠更快地得到個人電腦。後來比爾．蓋茲從哈佛中途退學，和艾倫創辦了自己的公司，這就是現在聞名遐邇的「微軟」。

1973年，比爾．蓋茲和一起在哈佛大學念書的科萊特成為好友。兩人都是具有創新能力的天才。1975年比爾．蓋茲決定退學，他邀請科萊特的時候，科萊特覺得他簡直不可思議。而在比爾．蓋茲小有成就，註冊了自己的公司之後，再次邀請已經畢業了的科萊特，同樣被他拒絕了。

1992年，科萊特終於拿到了博士學位。這時，大二退學的比爾．蓋茲個人資產僅次於華爾街大亨巴菲特，達到六十五億美元，成為美國第二富豪。

1995年，科萊特認為自己已具備了足夠的學識，可以研究和開發32Bit作業軟體了，而比爾．蓋茲則繞過Bit系統，開發出Eip作業軟體，它比Bit快1500倍，並且在兩週內占領了全球市場，成了全球首富。

科萊特終於進入微軟公司，並很快成為微軟的中堅力量。但比爾．蓋茲卻在這時急流勇退，捐獻出自己的全部財產回饋社會。於是比爾．蓋茲在全球首富和創業神話之上又加了一個著名慈善家的稱號。科萊特是一個事事要準備周全，在機遇面前仍然穩坐江山的人才，但總是似乎晚了一步。

比爾．蓋茲自己也說：「該創業的時候，不能因為自己的某一點條件沒有具備就去等待。事實上，要等到哈佛大學畢業後再創業，那麼現在的世界首富肯定不會是我，我敢肯定。」

就連卡內基也曾經說過：「我們多數人的毛病是，當機會朝我們飛奔而來時，我們兀自閉著眼睛，很少人能夠去追尋自己的機會，甚至在絆倒時，還不能見著它。」

第三章 取用於國，因糧於敵

【原文】

善用兵者，役不再籍①，糧不三載②。取用於國③，因糧於敵④，故軍食可足也。國之貧於師者遠輸⑤，遠輸則百姓貧⑥。近於師者貴賣⑦，貴賣則百姓財竭，財竭則急於丘役⑧。力屈、財殫，中原內虛於家⑨。百姓之費，十去⑩其七；公家之費⑪，破車罷馬⑫，甲胄矢弩⑬，戟楯蔽櫓⑭，丘牛大車⑮，十去其六。故智將務食於敵⑯，食敵一鍾⑰，當吾二十鍾；萁稈一石⑱，當吾二十石。

【注釋】

①役不再籍：役，兵役。籍，本義為名冊，此處用作動詞，即登記、徵集、按名籍徵發。

②糧不三載：糧草不多次運送。三，多次。載，運輸、運送。

③取用於國：武器裝備由國內供應。

④因糧於敵：糧草給養依靠在敵國就地解決。因，依靠、憑藉。按，「取用於國」、「因糧於敵」是孫子軍事後勤思想的核心內容。

⑤國之貧於師者遠輸：師，指軍隊。遠輸，遠道運輸。此句意思是說國家之所以因用兵而導致貧困，是由於軍糧的遠道運輸。

⑥遠輸則百姓貧：遠道運送就會造成百姓的貧匱。

⑦近於師者貴賣：近，臨近。貴賣，指物價飛漲。意為臨近軍隊駐紮點地區的物價就飛漲。按，古代往往在軍隊駐地附近設置軍市，以供交易。

⑧丘役：軍賦。古代以丘為單位徵集的賦稅。丘，古代的地方行政區劃單位。

⑨中原內虛於家：中原，此處指國中。此句意為國家百姓之家因遠道運輸而變得貧困、空虛。

⑩去：耗去、損失。

⑪公家之費：公家，國家。費，費用、開銷。

⑫罷馬：罷，同「疲」。疲憊不堪的馬匹。

⑬甲冑矢弩：甲，護身的鎧甲。冑，頭盔。矢，箭鏃。弩，弩機，一種依靠機械力量發射箭鏃的弓，在當時為殺傷力頗大的新式武器。

⑭戟楯蔽櫓：戟，古代戈、矛功能合一的兵器。楯，同「盾」，盾牌。蔽櫓，用於攻城的大盾牌。甲冑矢弩、戟楯蔽櫓是對當時攻防兵器與裝備的泛指。

⑮丘牛大車：丘牛，從丘役中徵集來的牛。大車，指載運輜重的牛車。

⑯智將務食於敵：智將，明智的將領。務，務求、力求。意為明智的將帥總是務求就食於敵國。

⑰鍾：古代的容量單位。每鍾六十四斗。

⑱萁稈一石：稈，泛指牛、馬等牲畜的飼料。石，古代的重量單位。每石一百二十斤。

【譯文】

善於用兵的人，不用再次徵集兵員，不用多次運送軍糧。武器裝備由國內供應，糧食從敵人那裡設法奪取，這樣軍隊的糧草就充足了。國家之所以因作戰而貧困，是由於軍隊遠征，不得不進行長途運輸，長途運輸必然導致百姓貧窮。駐軍附近處物價必然飛漲，物價飛漲，必然導致物資枯竭，物財枯竭，賦稅和勞役必然加重。

【名家點評】

善用兵者，役不再籍，糧不三載。

曹操曰：「籍，猶賦也。言初賦民而便取勝，不復歸發兵也。始載糧，後遂因食於敵，還兵入國，不復以糧迎之也。」

在戰場上，軍力耗盡，國內財源枯竭。百姓私家財產損耗十分之七。公家的財產，由於車輛破損，馬匹疲憊，盔甲、弓箭、矛戟、盾牌、牛車的損失，而耗去十分之六。所以明智的將軍一定要在敵國地區解決糧草問題，食用敵國一鍾的糧食，就相當於從本國運輸二十鍾，在當地取得飼料一石，相當於從本國運輸二十石。

【延伸閱讀】

《孫子兵法》是按照戰爭的過程來寫的，到了這一章，戰事開始。雖然說糧草先行，速戰速決，但戰爭畢竟不是一兩天就能解決的，甚至持久戰也屢見不鮮。要想打勝仗，就要保持戰爭物資的不斷供應。歷史告訴我們，無論是什麼戰爭，無論參戰國的國力多麼強大，戰爭總會讓人民受害，物資的輸送總會影響到國家的財政和百姓的生活。

如果在必須一戰的情況下，孫子告訴我們「就地取食，以戰養戰」是最明智的選擇。如果能從本地取得糧食，就不需要長途運輸，因糧於敵就更好了。要能夠從敵國取得一鍾的糧食，就相當於從本國運輸二十鍾，在當地取得飼料一石，相當於從本國運輸二十石。

戰爭的殘酷和戰爭帶給人的絕望，是生活在和平年代的人無法體會的。但和平年代的我們在工作和生活中也有四面楚歌、陷入絕境的時候，在這個時候你是怎樣戰鬥的呢？

許多人都抱怨工作的乏味，甚至抱怨工作對自己的摧殘。如果說工作是一場戰爭，我們在不得不持久參戰的情況下，已經人疲馬乏，彈盡糧絕。怎樣才是明智的選擇？孫子在這一章告訴我們要「就地取食，以戰養戰」。我們要在工作中汲取營養，找到樂趣，從而享受工作。

有這樣一個小故事：

皮特醫生已經在病房裡連續做了十二個小時的手術，護士小姐琳達不停地擦著他額頭上細密的汗珠。一個女孩受了重傷，送進病房時已經昏迷。手術終於完成並且進行得很順利，女孩康復的可能性很大。琳達心裡想著，又從死神手裡救回一條鮮活的生命。

皮特疲憊地摘下口罩，看著護士們做著術後的工作。就當一切完成，琳達正要同醫生皮特走出手術室大門的時候，皮特忽然頓住說道：「等等。」他走回剛剛動完手術的女孩身邊，把她身上的繃帶打了一個美麗的蝴蝶結。這個小小的細節感動了在場的每一個人。

我們都可以試著捫心自問，在疲憊的工作後，是否還能想著給病人打一個漂亮的蝴蝶結，能否把自己的工作當成一件藝術品來雕琢。如果沒有的話就試試吧？我相信你會贏得很多。

第四章 賞其先得者，卒善而養之

【原文】

故殺敵者，怒也①；取敵之利者，貨也②。故車戰，得車十乘已③上，賞其先得者，而更其旌旗④，車雜而乘之⑤，卒善而養之⑥，是謂勝敵而益強⑦。

【注釋】

①殺敵者，怒也：軍隊英勇殺敵，關鍵在於激勵部隊的士氣。

②取敵之利者，貨也：貨，財物。這裡指用財物進行獎賞，以調動廣大士兵殺敵致勝的積極性。句意為要讓軍隊奪敵資財，就必須先依靠財物獎賞。

③已：同「以」。

④更其旌旗：意為在繳獲的敵軍戰車上更換上我軍的旗幟。更，變更、更換。旌旗，古代用羽毛裝飾的旗幟，是重要的軍中指揮號令工具。

⑤車雜而乘之：雜，摻雜、混合。乘，駕、使用。意為將繳獲的敵方戰車和我方車輛摻雜在一起，用於作戰。

⑥卒善而養之：意為優待被俘虜的敵軍士卒，使之為己所用。卒，俘虜、降卒。

⑦勝敵而益強：指在戰勝敵人的同時使自己變得更加強大。益，增加。

【譯文】

所以，要使士兵拚死殺敵，就必須激勵士氣。要使士兵勇於奪取敵方的軍需物資，就必須以繳獲的財物作獎賞。

所以，在車戰中，搶奪十輛車以上的，就獎賞最先搶得戰車的。而奪得的戰車，要立即換上我方的旗幟，把搶得的戰車編入我方車隊。要善待俘虜，使他們有歸順之心。這就是戰勝敵人且使自己愈發強大的方法。

【名家點評】

取敵之利者，貨也。曹操曰：「軍無財，士不來；軍無賞，士不往。」

【延伸閱讀】

俗話說：「得民心者得天下。」戰場上殺敵，僅僅靠將領們武藝高強，了解敵我雙方的情況是遠遠不夠的。一將功成萬骨枯，訓練有素、殺起敵人勇敢無畏的士兵們才是戰場上真正的主角。能夠對士兵們進行人心的籠絡和戰鬥力的激發是戰事中致勝的關鍵。

在這一章中孫子就告訴領兵打仗的將領們，怎麼樣能夠使士兵們拚死殺敵？要在情緒上激勵他們，讓一股對敵的怒火從上到下在士兵的心中燃燒，這就是所謂的士氣；在物質上獎勵刺激，特別是能夠從敵方獲取而得的物質獎勵，能夠激起並保持士兵們殺敵的欲望與持久力。

孫子還舉了一些例子說：在車戰中，繳獲十輛車以上的，就獎賞最先搶得戰車的。而奪得的戰車要立即換上我方的旗幟，把搶得的戰車編入我方車隊。但是戰爭中不僅有物資，俘虜也是戰爭的構成部分，對於對待俘虜的態度，孫子主張善待，讓他們有歸順之心，這樣更能夠壯大我方隊伍。

激勵士氣在你死我活的戰場上確實能夠創造奇蹟。項羽早年發跡的時候，「鉅鹿之戰」讓他一戰成名，奠定了他楚霸王的威名。而在這聞名於世的一戰中激勵士氣的破釜沉舟也被世人廣為傳誦。

西元前207年十二月，秦軍大將章邯率二十萬大軍圍攻趙國，並調王離二十萬軍圍困趙王於鉅鹿。趙王無奈向楚懷王

求救，於是楚懷王派宋義為上將，項羽為副將，率軍六萬餘北上救趙。

誰知宋義率軍至安陽就停了下來，一連四十六天按兵不動。他懼秦軍人多勢眾，打算在秦軍與趙軍打完了之後再出兵，坐收漁翁之利。不僅如此，他還在軍中大吃大喝，全然不顧將士們忍饑挨餓。項羽幾次建議進兵未果，進營帳痛斥其行為並殺了他。士兵們於是擁護項羽為上將。

項羽即派一隊人馬斷了敵人的糧草，後親自率領部隊悉渡黃河。過黃河之後，項羽先讓將士們好好地大吃了一頓，然後就把過河的舟船鑿沉，砸了做飯的鍋，燒掉營房，只帶三天的乾糧。項羽斷了將士們的後路，並鼓勵他們：打敗秦軍就有吃的了。

戰事拉開序幕，將士們無路可退，只能奮勇殺敵，以一當十，殺得敵人聞風喪膽，救援秦軍的諸侯望而卻步，不敢上前。項羽以少勝多大破秦軍二十萬，迫使剩下的二十萬軍也在不久後投降歸順。

鉅鹿之戰後，項羽聲名大振，威懾諸侯。這與他自身的驍勇善戰和善於激勵士氣是不可分的。但是也和秦國暴政失去民心有關。大秦王朝短短十幾年的統治就滅於他人之手，其暴政悲劇其實在統一六國之時，秦國對待俘虜的態度中就埋下了悲劇的種子。

西元前262年，秦昭王下令攻打韓國，秦軍攻下了韓國的交通要塞野王城，切斷了韓國戰略要地上黨郡的訊息交通，韓國驚恐。

韓國國君決定割讓上黨給秦國以求和，不料上黨郡守馮亭堅絕不降秦，他上書趙王，要把上黨郡奉上以求得趙王救援。當時趙國曾對此事進行商討，一部分大臣不同意接收上黨郡，倘若接收上黨郡，那麼秦趙之間必有一戰。但是一部分臣子包括趙王，貪圖眼前的利益，決定發兵上黨郡。

秦國大怒發兵伐趙，兩軍相遇長平，爆發了歷史上著名的「長平之戰」。當時趙王派廉頗為此戰主將，廉頗採取不應戰、堅守城池以逸待勞的打法，拖住秦軍三年之久，秦軍後勤供給漸漸吃力。於是用千金使了一個離間計，散佈謠言說廉頗貪生怕死，不敢應戰。趙王中計，召回廉頗，重新派去大將趙括。趙括其人狂妄自大，只會紙上談兵。他當上主帥後，在尚不知敵軍實力的情況下，即下令全軍迎戰，盲目進攻。秦將白起一看正中下懷，他佯裝退敗誘敵深入，把趙軍引進了包圍圈，分三段殲滅。雙方野戰數月，趙軍彈盡糧絕，潰不成軍，趙括被射殺，四十萬趙軍群龍無首，全部投降。

白起表面上說會善待趙軍，身強力壯者會編入秦軍，而老弱病殘的士兵則可以回到趙國，甚至以酒肉相待。正當趙軍放鬆警惕、丟盔棄甲之時，白起卻下令坑殺（活埋）趙軍，僅留下二百四十個年齡尚小的趙兵回趙國報信，以震懾六國。四十萬毫無防備的趙軍俘虜全部被坑殺。消息傳入趙國，整個國家「子哭其父，父哭其子，兄哭其弟，弟哭其兄，祖哭其孫，妻哭其夫，沿街滿市，號痛之聲不絕」。

秦國坑殺趙軍，在當時確實產生了非常大的威懾作用。但是，在這之後，趙國上下一心，堅決抵抗，對秦國仇深似海。在秦國統一的道路上處處給予阻礙，即使在秦統一之後，趙國軍民仍然伺機而動。大秦王朝坑殺的伎倆在統一後也用過——焚書坑儒。但也正是這些天理不容的暴政為後來人民的反抗埋下了火種。秦王朝辛苦打下來的江山，在秦二世就宣告了滅亡。

一個人不論是在為人處世上還是在企業經營上，都應該多多鼓勵同伴，善待對手。

不要吝嗇鼓勵我們身邊的人。不論是物質上的幫助，還是愛心的鼓勵，也許是一句話，也許僅僅一個動作，一個眼神，都有可能改變別人的一生，也會給自己帶來福運。

梅麗莎是一個不幸的孩子，她的身上有許多讓人難堪的疾病。她得了斑禿，頭髮幾乎掉光，一隻眼睛是盲眼，她還是先天的唇裂，有一口黃牙。她的身材瘦小，不足正常人的四分之三。她的童年是在小夥伴們的嘲笑和陌生人的指指點點中度過的。

表面上她已經習慣了，嬉皮笑臉地應對別人的異樣眼光。她自暴自棄，齜牙咧嘴地對付她認為歧視她的人，自卑滋生出幾乎變態的自尊。她認為自己被世界所拋棄，今生也不過如此而已。除了恨和對自己的放縱，她不知道還能做什麼。

就這樣她度過了自己的小學生涯，升入了中學。在入學前她去參加了入學面試。那一天是她一生中最重要的日子，直至多年後她都能記得那個改變她一生的面試女老師的樣子。她並不是十分漂亮，長得有點胖，卷卷的頭髮，臉上微微有幾顆雀斑。

梅麗莎隨著同學們走進去，測了身高和視力。接下來要測聽力，測試的內容是：測試老師說一句話，然後聽的同學再進行複述。梅麗莎站在那裡，捂住一隻耳朵但悄悄留了一絲縫，她不想讓人知道，她的另一隻耳朵其實有一點重聽。那個女老師輕輕說了八個字，這八個字讓從小就飽受歧視的梅麗莎愣在原地，改變了她的一生，讓她認為這個世界還有希望，這個世界還有許多美麗讓她去感受。

這八個字是：「我希望你是我女兒。」

如果你是這位面試老師，面對著梅麗莎你會說什麼呢？你會用你的一點愛心去鼓勵這個從小就不幸的孩子嗎？所以不要把你的鼓勵掩埋，哪怕只是一句簡單的話都有可能影響別人一生。贈人玫瑰，手有餘香，你也會在別人的感念中收穫快樂。

我們要用鼓勵和愛心寬待他人，包括你的競爭對手。

20世紀70年代美國的《華盛頓郵報》和《華盛頓明星新聞報》是一對你死我活的競爭對手。1972年《華盛頓郵報》率先披露了水門事件，得罪了當時的總統尼克森。尼克森下令只接受《華盛頓明星新聞報》的獨家專訪，而拒絕《華盛頓郵報》進入白宮。這本來是《華盛頓明星新聞報》很好的超過競爭對手的機會，但出乎意料的是，《華盛頓明星新聞報》發表了一份聲明，聲稱他們不做白宮洩憤的工具，用這種手段來超越對手。如果《華盛頓郵報》不能進入白宮採訪，他們也將拒絕這次專訪。

都說看一個人的水準怎麼樣，看這個人如何對待敵人就知道了。對手可以使你奮發，可以使你強大。善待對手才是真英雄。

第五章　以快致勝，知兵之將身繫天下

【原文】

故兵貴[1]勝，不貴久。故知兵之將[2]，生民之司命[3]，國家安危之主也[4]。

【注釋】

①貴：重、推重的意思。

②知兵之將：指深刻懂得用兵之法的優秀將帥。知，認識、了解。

③生民之司命：意為普通民眾命運的掌握者。生民，泛指一般民眾。司命，星宿名，主死亡。

④國家安危之主也：國家安危存亡的主宰者。主，主宰。

【名家點評】

故兵貴勝，不貴久。曹操曰：「久則不利，兵猶火也，不戢將自焚也。」

【譯文】

所以，作戰最重要、最有利的是速勝，最不宜的是曠日持久。真正懂得用兵之道、深知用兵利害的將帥，掌握著民眾的生死，主宰著國家的安危。

【延伸閱讀】

中國人的性格一向溫順平和，對他們來說似乎最不缺乏的就是耐心，喜歡用時間換空間，像「只要工夫深，鐵杵磨成針」、「君子報仇，十年未晚」、「善有善報，惡有惡報，不是不報，時候未到」之類的格言、諺語廣泛流傳就是證明。所以，越王勾踐「十年生聚，十年教訓」，歷經千辛萬苦終於滅吳的做法，一直受到人們的推崇和頌揚。

但是在戰場上，戰事的勝利與否不是一個人的事。它關係著國內千千萬萬百姓的安危和幸福，一個將軍的功勞與其相比都是微不足道的，甚至一個君王的野心也是微不足道的。盡快取得勝利，班師回朝才應該是將軍們念茲在茲的事。在戰爭中，將軍的決策，對待戰事和士兵的態度，更是直接關係民生和天下安危。

以下是一個剛愎自用、好大喜功的反例。被諸葛亮揮淚斬了的馬謖就是一個身負重任，但自身決策失誤還不聽勸告的將軍，以至於痛失街亭。

蜀後主建興六年（西元228年），諸葛亮決定北上伐魏，實現統一大業。他命趙雲、鄧芝率軍占領箕谷，並親率大軍突襲魏軍占領的祁山，與司馬懿對決街亭。街亭是非常重要的交通要道，它的得失對蜀漢與曹魏的戰爭局勢有著決定性的作用。這時少有才名的馬謖自告奮勇，立下軍令狀，以全家老小性命擔保守住街亭。諸葛亮遂命馬謖為先鋒駐守街亭，反覆叮囑馬謖駐軍要尋依山傍水之處，並派王平為副將。

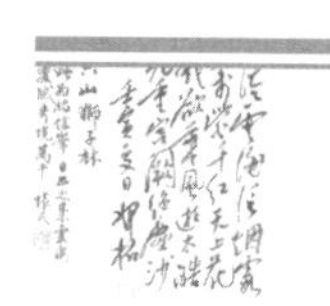

到達街亭之後，馬謖妄自尊大，沒有把人馬駐紮在依山傍水之處，也沒有隨時向諸葛亮通報安紮情況。他將兵馬駐紮在了街亭山上，副將王平認為：街亭山既沒有水源也沒糧道，如果魏軍圍困，蜀軍將不戰自潰。要求馬謖聽從丞相之命依山傍水，巧布精兵。但是馬謖不聽勸告。自信地說：「馬謖通曉兵法，世人皆知，連丞相有時都請教於我，而你王平生長戎旅，手不能書，知何兵法？居高臨下，勢如破竹，置死地而後生，這是兵家常識，我將大軍布於山上，使之絕無反顧，這正是致勝之祕訣。」王平再諫：「如此布兵危險。」馬謖聽罷不耐煩地說：「丞相委任我為主將，部隊指揮我負全責。如若兵敗，我甘願革職斬首，絕不怨怒於你。」馬謖最終沒有聽王平勸告。

魏軍知道情況後果然大軍來犯，圍困馬謖於街亭，切斷水源和

糧道。蜀軍糧草全無，軍心大亂，潰敗於街亭。蜀漢失去了一次討伐曹魏、統一中原的絕佳機會。戰局的驟變迫使諸葛亮放棄進攻，退回漢中。

諸葛亮把馬謖革職入獄，斬首示眾。臨刑前，馬謖上書諸葛亮：「丞相待我親如子，我待丞相敬如父。這次我招致兵敗，軍令難容，丞相將我斬首，以誡後人，我罪有應得，死而無怨，只是懇望丞相以後能照顧好我一家妻兒老小。這樣我死後也就放心了。」馬謖雖然是諸葛亮的愛將，將其斬首，諸葛亮也是心如刀絞。但是為了嚴肅軍紀，穩定軍心，還是揮淚斬了馬謖，全軍十萬將士為之動容。

之後諸葛亮自降三品官職，以懲戒自己用人不當，並收了馬謖的兒子為義子，安頓了他的家人。後來世人評論馬謖一人之死不足以彌補統一大業局勢的驟變。這就是一個將領對於整個戰局、對國家安危的重大作用。也就是常說的將領身繫天下。

現實生活中，多數人不是將領，不會與戰場上的城池得失有關。但是我們同樣不能好大喜功，過於追求名利反而得不償失。勝利是我們的目的，但勝利不是結果所帶給我們的名利，而是我們要把這個事件做好、做完美。

發現相對論的愛因斯坦是舉世聞名的物理學家，他的研究對世界有著不可估量的貢獻，是諾貝爾獎最傑出的獲獎者之一，被美國的《時代週刊》評為時代偉人。但就是這樣一個物理界的神話式人物，卻非常的淡泊名利。

愛因斯坦在物理學上取得偉大成就以後，許多國家的首腦都慕名請他去自己的國家講學。但愛因斯坦從來不以此為傲，生活依然是很簡樸。

有一次，他去比利時訪問，國王和王后為了迎接他派出了大隊人馬。官員們身著正裝夾道歡迎。火車站上也是彩旗飄飄，淨水掃街，準備隆重地歡迎這位傑出的科學家。火車到站後，旅客們陸續地下了車，卻沒看到愛因斯坦的影子。官員和國王、王后都甚為震驚，到底這位尊貴的客人去了哪裡？原來愛因斯坦故意避開那些歡迎的人，一個人從小車站步行到了王宮。負責招待的人沒有迎來貴賓，正在焦急地向王后報告，只見一個頭髮灰白的老頭，一手提著箱子一手拿著小提琴風塵僕僕地來到了。他笑著對趕忙迎接他的王后說：「王后，請不要見怪，我平生喜歡步行，運動帶給了我無窮的樂趣。」

愛因斯坦是如此地不圖虛名，一心只在物理事業上，就像我們熟知的牛頓煮手錶一樣，在研究問題時他也如著了魔一般。

有一次，他要摘掉牆上的一幅舊畫，換上新的。就搬來一架梯子，爬了上去。突然，他又想起一個問題，沉思起來，忘記自己在梯子上，猛地從梯子上摔下來。摔到地上以後，他馬上想到：人為什麼會筆直地掉下來呢？看來物體總是沿著阻力最小的線路運動的。愛因斯坦想到這兒，顧不上疼痛，馬上站起來，一瘸一拐地走到桌邊，趕緊把自己的這個想法記了下來。這對他正在研究的問題——相對論有很大的啟發。

功名心重的人即使再聰明，也注定走不了太遠，因為一個人的精力是有限的，對功名利祿的過分投入勢必會限制他的發展。

第三篇

謀攻篇

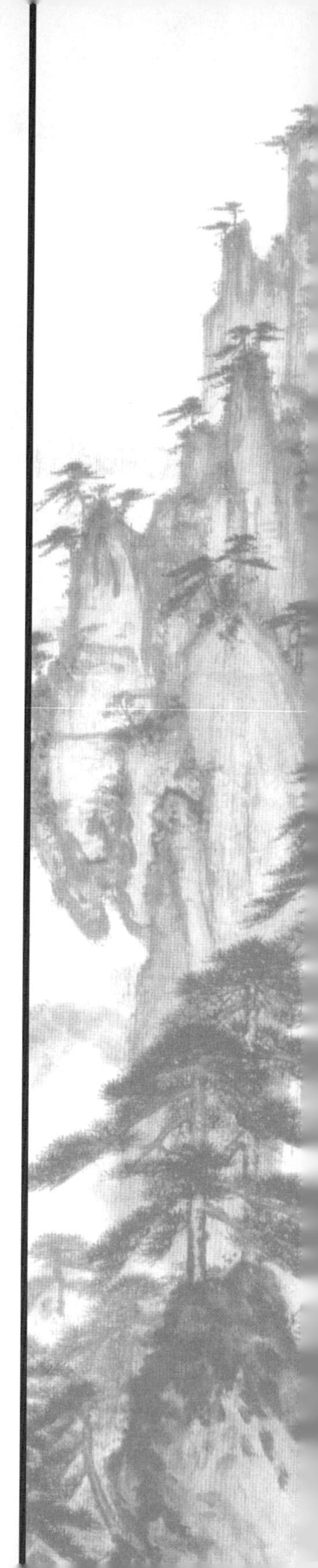

第一章　百戰百勝，非善之善

【原文】

孫子曰：凡用兵之法：全國為上，破國次之①；全軍為上，破軍次之②；全旅為上，破旅次之；全卒為上，破卒次之；全伍為上，破伍次之。是故百戰百勝，非善之善者也③；不戰而屈人之兵，善之善者也④。

【注釋】

①全國為上，破國次之：以實力為後盾，迫使敵方城邑完整地降服為上策，而透過戰爭交鋒，攻破敵方的城邑則稍差一些。全，完整、全部。國，在春秋時指的是國都或大城邑。破，攻破、擊破的意思。按，國在這裡也可以理解為國家，因為古人一般以國都代指整個國家。

②全軍為上，破軍次之：意為能使敵人的「軍」完整地降服是上策，擊破敵人的「軍」則略遜一籌。以下「全旅」、「破旅」，「全卒」、「破卒」，「全伍」、「破伍」等句，也是這一觀點的不同表述。軍，本義為駐屯，後來泛指軍隊，也是軍隊的一個編制單位。此處當是後義。

③是故百戰百勝，非善之善者也：所以，百戰百勝算不上是最高明的。善，好、高明。

④不戰而屈人之兵，善之善者也：不透過交戰就降服全體敵人，才是最高明的。屈，屈服、降服，作動詞用。

【譯文】

孫子說：戰爭的原則是：使敵人舉國降服是上策，用武力擊破敵國就次一等；使敵人全軍降服是上策，擊敗敵軍就

次一等；使敵人全旅降服是上策，擊破敵旅就次一等；使敵人全卒降服是上策，擊破敵卒就次一等；使敵人全伍降服是上策，擊破敵伍就次一等。所以，百戰百勝算不上是最高明的；不透過交戰就降服全體敵人，才是最高明的。

【名家點評】

不戰而屈人之兵，善之善者也

曹操曰：「未戰而敵自屈服。」

王晢曰：「兵貴伐謀，不务戰也。」

【延伸閱讀】

戰爭是殘酷的，但戰爭又是不可避免的，縱觀整個歷史進程，每一次生產力發展到頂端，生產方式發生大變革，也就是人類的每一次飛躍，都和戰爭緊密相連。我們是幸運的，生活在歷史長河中和平的年代。即使這樣我們身邊也不時傳來不和諧的烽火聲。

孫子是我國古代有過實戰經驗的出色的軍事理論家，他不僅是紙上談兵，在他的一生中也打了不計其數的勝仗，但就是這樣一個軍事家都喊出了武力進攻不是上策的口號。

孫子認為「使敵人舉國降服是上策，用武力擊破敵國就次一等；使敵人全軍降服是上策，擊敗敵軍就次一等；使敵人全旅降服是上策，擊破敵旅就次一等；使敵人全卒降服是上策，擊破敵卒就次一等；使敵人全伍降服是上策，擊破敵伍就次一等。所以，百戰百勝算不上是最高明的；不透過交戰就降服全體敵人，才是最高明的。」

名垂青史的漢朝名將霍去病，就曾憑藉著自己一身的霸氣不戰而屈人之兵。

霍去病是漢武帝皇后衛子夫和大將衛青的外甥，他從小受舅舅的影響，不屑於和其他的貴公子為伍，他精於騎射，熟讀兵法，希望有一天能馳騁沙場。元朔六年（西元前123年），霍去病主動請纓參加漠南之戰，獲封驃姚校尉，隨軍出征。霍去病善於長途奔襲，率領八百精騎深入敵軍，斬敵無數，並俘敵人首領。漢武帝贊他勇冠三軍。驍勇無比的霍去病在漢南之戰第二年的秋天河西受降，就上演了不戰而屈人之兵的神話。

河西大戰之後，匈奴王對渾邪王的戰敗不能容忍，決定處決他。渾邪王聽到了消息便想和休屠王投降漢朝。漢武帝不知匈奴二王投降的真假，遂派霍去病前往黃河邊受降。霍去病過了黃河之後，匈奴軍隊果然發生了譁變。霍去病只帶了數名親兵直搗匈奴大營，面對數萬匈奴兵毫無懼色，命渾邪王立即處理譁變的兵士，他的氣勢完全鎮住了匈奴的將士，於是順利受降。

我們無法想像霍去病是怎樣只憑自己的驍勇之氣鎮住了匈奴王和他的四萬兵卒、八千亂兵的。他們完全可以乘機抓住霍去病獻給匈奴王，這樣不僅可以免去罪名，還有可能加官進爵。畢竟霍去病只帶親兵數名而已。

霍去病敢於單刀赴會，並順利受降，是有他一定的條件的。那就是霍去病一身剛勇的血氣，和他以往深入大漠殺得敵人聞風喪膽的英名，以及他所站的受降的正義立場，使渾邪王不敢輕舉妄動。但這些畢竟是以往勇冠三軍的霍去病拚殺出來的結果，是建立在武力之上取得的成果。

沒錯，戰爭的目的是勝利，不是為了犧牲自己的生命。以奪取他人的利益或只為了自己的利益而戰的戰爭注定會失敗，為了人民的共同利益而戰取得的勝利才是最純粹最崇高的。

在工作和生活中，與他人產生分歧和衝突是不可避免的。在解決這些問題時，爭一時的口舌之快暫時占了上風，並不代表你在人際關係處理中取得了勝利。兵不血刃，吃虧是福，得人心才是長久的勝利之道。

美國著名的小說家馬克・吐溫與一個莊園的莊主曾有一些不愉快，有一次馬克・吐溫去散步，在一個狹窄的只容一個人通過的小路上與這個農場主狹路相逢，那位農場主斜著眼睛說：「我從來不給狗讓路。哼！」說完別過頭去不再看他。馬克・吐溫笑著說：「而我恰恰相反。」馬克・吐溫退讓了一步，也巧妙地回擊了他，那個農場主十分尷尬。馬克・吐溫寬大幽默而又睿智的性格讓他在文學創作的道路上達到輝煌的成就。

吃虧不是無原則地退讓，就如你身在戰場就不能不拿武器。吃虧是不斤斤計較的人生境界，是一種達觀睿智的處世哲學。如果你不狹隘地爭奪那點小小的風頭，你就會收穫平和，也同時收穫他人的尊重和寬容。所以不要總是追求劍拔弩張的勝利，那不是所謂的勝利，是你行走於世的障礙。

第二章 善用兵者，兵不頓而利可全

【原文】

故上兵伐謀①，其次伐交，其次伐兵②，其下攻城。攻城之法③，為不得已④，修櫓轒轀⑤，具器械⑥，三月而後成；距闉⑦，又三月而後已⑧。將不勝其忿而蟻附之⑨，殺士三分之一，而城不拔者⑩，此攻之災也⑪。故善用兵者，屈人之兵而非戰也⑫，拔人之城而非攻也⑬，毀人之國而非久也⑭。必以全爭於天下⑮，故兵不頓而利可全⑯，此謀攻之法也⑰。

【注釋】

①上兵伐謀：用兵的最高境界是用謀略勝敵。上兵，上乘的用兵之法。伐，進攻、攻打。謀，謀略。伐謀，以謀略攻敵贏得勝利。

②伐兵：透過軍隊間交鋒一決勝負。兵，此處指進行野戰。

③法：途徑、手段。

④為不得已：言實出無奈而為之。

⑤修櫓轒（ㄈㄣˊ）轀（ㄨㄣ）：製造大盾和攻城的四輪大車。修，製作、建造。櫓，即以藤革等材料製成的大盾牌。轒轀，攻城用的四輪大車，用大木製成，外蒙生牛皮，可以容納兵士十餘人。

⑥具器械：準備攻城用的各種器械。具，準備。

⑦距闉（ㄧㄣ）：為攻城做準備而堆積的高出城牆的土山。闉，小土山。

⑧已：完成、竣工。

⑨將不勝其忿而蟻附之：如果將領難以抑制焦躁的情

緒，命令士兵像螞蟻一樣爬牆攻城。勝，克制、制服。忿，憤懣、惱怒。蟻附之，指驅使士兵像螞蟻一般爬梯攻城。

⑩殺士三分之一，而城不拔者：士，士卒。殺士三分之一，言使三分之一的士卒被殺。拔，攻佔城邑或軍事據點。

⑪此攻之災也：攻，此處特指攻城。

⑫屈人之兵而非戰也：言不採用直接交戰的辦法而迫使敵人屈服。

⑬拔人之城而非攻也：意為奪取敵人的城池而不靠硬攻的辦法。

⑭毀人之國而非久也：非久，不曠日持久。指滅亡敵國而無須曠日持久。

⑮必以全爭於天下：此句意為一定要根據全勝的戰略爭勝於天下。

⑯故兵不頓而利可全：既不使國力兵力受挫，又獲得了全面的勝利。頓，同「鈍」，指疲憊、受挫折。利，利益。全，保全、萬全。

⑰此謀攻之法也：這就是以謀略勝敵的最高原則。法，原則、宗旨。

【譯文】

所以，上等的軍事行動是用謀略挫敗敵方的戰略意圖或戰爭行為，其次就是用外交戰勝敵人，再次是用武力擊敗敵軍，最下之策是攻打敵人的城池。攻城，是不得已而為之，製造大盾牌和四輪車，準備攻城的所有器具，起碼得三個月。堆築攻城的土山，起碼又得三個月。如果將領難以抑制焦躁的情緒，命令士兵像螞蟻一樣爬牆攻城，儘管士兵死傷三分之一，而城池卻依然沒有攻下，這就是攻城帶來的災

【名家點評】

必以全爭於天下，故兵不頓而利可全，此謀攻之法也。

曹操曰：「不與敵戰，而必完全得之，立勝於天下，不頓兵血刃也。」

難。所以善用兵者，不經由打仗就使敵人屈服，不透過攻城就使敵城投降，摧毀敵國不需長期作戰。一定要用「全勝」的策略爭勝於天下，從而既不使國力兵力受挫，又獲得了全面的勝利。這就是謀攻的方法。

【延伸閱讀】

兵不厭詐，孫子從來沒有避諱對於謀略的使用，反而他是贊成用兵者縝密思考，以智取勝的。如果領兵者能夠運用智慧，縝密思考，那麼他就是一個以勝利為目的，不意氣用事的合格將領。這樣的人，在戰爭中才會控制自己的情緒，指揮若定實現最後全面的勝利。

項羽經過鉅鹿之戰，實力大增。自封為西楚霸王後，把領地分封給各諸侯，後來奪了他江山的漢王劉邦得到了巴、蜀、漢中三郡。

劉邦欣然受命，為了向項羽表明自己沒有野心，沒有向東擴張的意圖，他一把火燒了棧道，他的舉動從某種程度上確實迷惑了項羽，使項羽放鬆了對他的警惕。但是劉邦的心思遠遠不止於此，他經過一段時期的養精蓄銳，精心籌畫，具備了一定的實力後，他乘機準備迅速揮師東進，誓與項羽一爭高低。但是當時棧道已毀，項羽亦風頭正勁，明打強攻肯定不行，於是為漢朝立下汗馬功勞的韓信為劉邦獻出一計：「明修棧道，暗渡陳倉」。

陳倉是一個地名，其與關中之地有險山峻嶺阻隔，又有重兵把守，為首的將領是能征善戰的狠角色雍王章邯，而劉邦想要進入關中就必須由此經過。

劉邦按依照韓信的計策，讓大將樊噲立下軍令狀，一個月內修好五百里棧道，然後給了他一萬人就開始動工了。從理論上說，這是不可能完成的事情，即使再追加三年也不一定能夠完成。

但其實劉邦修棧道是假，想要就此迷惑麻痺陳倉守將是真。果然不出劉邦所料，陳倉的雍王章邯果然中計，劉邦的精銳部隊在他的眼下，順著無人知曉的小道翻山越嶺偷襲了陳倉。

劉邦透過「明修棧道，暗渡陳倉」的計謀，順利進駐關中，並從此實施他一統天下的宏偉大計。

「明修棧道，暗渡陳倉」就此流傳開來，並被廣泛用於軍事計謀，它指的是：從正面迷惑敵人，用來掩蓋自己的攻擊路線，而從側翼進行突然襲擊。這是聲東擊西、出奇制勝的謀略。引申開來，是指用明顯的行動迷惑對方，使人不備的策略，也比喻暗中進行活動。

一個人身在生活或工作中具有剛直的品行，固然值得稱道。但是在某些事情上面卻應該採用迂迴戰術，暫時緩解當時的危險狀況。

有一架飛機由於遇到了風暴而緊急迫降，後來發現降落的地點恰好是人跡罕至的沙漠。飛機損壞嚴重，不可能起飛了，機上的九名乘客和三個飛機駕駛陷入了絕望。幾天過去了，已經筋疲力盡的人們開始搶奪食物和水。

這時候，機長大聲說：「我在從業前是學飛機設計的，只要你們能夠聽我指揮並積極配合，我一定能讓飛機起飛。」聽了他的話，人們的眼睛裡又重新燃起了希望的火焰。人們相互配合，有計劃地去消耗食物，抵禦風沙和暴虐的天氣。但是一天天過去了，飛機還是沒有動靜，人們又漸漸陷入了絕望，並懷疑起機長的話來，就在這時候，他們被一群路過的考察隊發現。他們得救了。後來，人們才知道這位機長根本就不會修飛機，他為了讓人們保持理性和希望，說了謊話，使了點小計謀。

如果不是這位機長用自己的聰明和理智穩住這些乘客，他們一定會失去理智，搶奪食物和水，甚至是彼此相互殘殺以求生存。

《孫子兵法》告訴我們兵不厭詐，能夠在戰爭中成功運用謀略一舉獲勝是值得稱讚的事。而在生活中，我們也要動用腦筋，運用智慧去化解人生遇到的難題。

第三章 小敵之堅，大敵之擒

【原文】

故用兵之法：十則圍之①，五則攻之②，倍則分之③，敵則能戰之④，少則能逃之⑤，不若則能避之⑥。故小敵之堅，大敵之擒也⑦。

【注釋】

①十則圍之：兵力十倍於敵就包圍敵人。

②五則攻之：兵力五倍於敵就主動發起進攻。

③倍則分之：倍，加倍。分，分散。二倍於敵的兵力，就設法分散敵人，造成局部上的更大優勢。

④敵則能戰之：敵，指兵力相等，勢均力敵。能，乃、則的意思，此處與「則」合用，以加重語氣。此句言如果敵我力量相當，則當敢於抗擊、對峙。

⑤少則能逃之：少，兵力少。逃，退卻、躲避。

⑥不若則能避之：不若，不如。指實際力量不如敵人。

⑦小敵之堅，大敵之擒也：小敵，弱小的軍隊。堅，堅定、強硬，此處指固守硬拚。大敵，強大的敵軍。擒，捉拿，此處指俘虜。此句一般解釋為弱小的一方不能夠勉強抗擊強大的敵方。但亦有人認為，此句可釋為：小的對手如果能集中兵力，即使大的對手也可擒獲（《吳孫子發微》）。

【名家點評】

故小敵之堅，大敵之擒也。

曹操曰：「小不能當大也。」

杜牧曰：「言堅者，將性堅忍，不能逃，不能避，故為大者之所擒也。」

【譯文】

所以，在實際作戰中運用的原則是：我十倍於敵，就實施圍殲，五倍於敵就實施進攻，兩倍於敵就要分割消滅敵人，勢均力敵則可以抗擊，比敵人兵力少時就擺脫敵人，兵

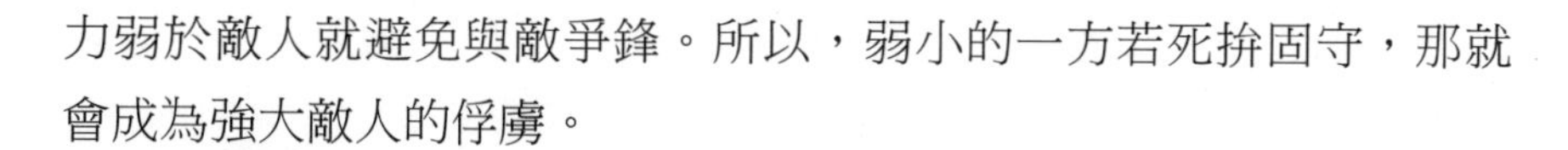

力弱於敵人就避免與敵爭鋒。所以，弱小的一方若死拚固守，那就會成為強大敵人的俘虜。

【延伸閱讀】

再高深的計謀也要從現實出發，《孫子》的〈謀攻篇〉沒有多麼深不可測的詭計，最根本的原則是根據敵勢安排作戰方式。孫子在這一章中，分析了敵勢相對於我方存在的幾種情況，和應當採取的應對策略。如果我方的實力是對方的十倍，就應該實施圍殲；如果實力是敵方的五倍，就採取正面進攻的方式；如果是敵人的兩倍就盡量想盡辦法分散敵軍，再實施擊破的方式；如果勢力基本與敵軍持平，就努力去戰勝敵軍；如果是實力小於敵軍，就盡量不正面作戰，如果弱小的一方盲目的死攻或死守，將會落得被敵軍俘虜的下場。

以上幾句分析看似簡單，其實融入了孫子的思想結晶——那就是不盲目進攻，不憑空想像著為敵方設下所謂的圈套。要根據敵方的情況，量力而行。

這是靈活處世的哲學。人要根據實際情況的變化而調整自己做事的方法，否則不僅會走進死胡同，還會給人留下笑柄。關於這一點，法家代表、善於講故事的韓非講了這樣一個故事：

在春秋戰國時期的鄭國，有一個人想買一雙鞋子。到了集市那天，他拿尺子量了一下腳的尺碼，在紙上做了個標記。可是他那天起晚了，匆忙去集市的時候他忘記了帶上腳的尺碼。他興致勃勃地挑了很久，終於有一雙顏色和款式都比較滿意，他決定買下來的時候，一摸口袋才發現尺碼沒帶。他放下鞋就往家走，等到他大汗淋漓拿來尺碼的時候，集市早就散了。於是就有人說：「你為什麼不用腳試試呢？」那個鄭人說：「我寧可相信量好的尺碼也不相信自己的腳。」

無獨有偶，戰國的呂不韋也為我們講了一個不懂變通，惹人恥笑的故事。

有個楚國人要渡江到對岸去辦事，等到船行駛到一半的時候，他隨身的佩劍掉到了水裡。於是，他在寶劍掉下去的船身上，刻下了一個記號。等到船靠了岸，他沿著記號淌水去找劍。結果可想而知。《呂氏春秋》評價說：船已經行駛了很遠，但是劍是不會跟隨著移動的。這樣去找劍不是很糊塗嗎？

事物在發展變化，不能靜止地看待問題。無論是戰爭決策還是個人處世，都要根據時局的變化而調整自己的思唯。

一個企業的領導人在管理企業的同時，也不能奉行教條主義，

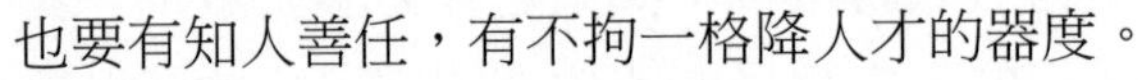

也要有知人善任，有不拘一格降人才的器度。

第四章　將者，國之輔

【原文】

夫將者，國之輔也①，輔周則國必強②，輔隙則國必弱③。故君之所以患於軍者三④：不知軍之不可以進，而謂之進⑤；不知軍之不可以退，而謂之退，是謂縻軍⑥。不知三軍之事，而同三軍之政者⑦，則軍士惑矣⑧。不知三軍之權，而同三軍之任⑨，則軍士疑矣。三軍既惑且疑，則諸侯之難至矣，是謂亂軍引勝⑩。

【注釋】

①國之輔也：國，指國君。輔，原意為輔木，這裡引申為輔助、佐輔。

②輔周則國必強：言輔助周密、相依無間國家就強盛。周，周密。

③輔隙則國必弱：輔助有缺陷則國家必弱。隙，縫隙，此處指有缺陷、不周全。

④君之所以患於軍者三：患，危害、貽害。三，指三類情況、三種做法。

⑤謂之進：謂，告訴。此處是命令的意思。

⑥是謂縻軍：這叫做束縛軍隊。縻，束縛、羈縻。

⑦不知三軍之事，而同三軍之政者：三軍，泛指軍隊。周朝時一些大的諸侯國設三軍，有的為上、中、下三軍，有的為左、中、右三軍。同，共，此處是參與、干預、干涉的意思。政，政務，這裡專指軍隊的行政事務。

⑧軍士惑矣：軍士，指軍隊的吏卒。惑，迷惑、困惑。

⑨不知三軍之權，而同三軍之任：此句意為不知軍隊行

動的權變靈活性質，而直接干預軍隊的指揮。權，權變、機動。任，指揮、統率。

⑩是謂亂軍引勝：亂軍，擾亂軍隊。引，去、卻、失的意思。引勝，即卻勝。一說「引」為引導、導致之意，引勝即導致敵人勝利。此說雖可通，但孫子此處實就己方軍情發議，故應以前說為善。

【名家點評】

夫將者，國之輔也，輔周則國必強。

曹操曰：「將周密，謀不泄也。」

李筌曰：「輔，猶助也。將才足，則兵必強。」

【譯文】

將帥是國君的輔助。輔助得謀縝密周詳，則國家必然強大，輔助得謀疏漏失當，則國家必然衰弱。所以，國君對軍隊的危害有三種：不知道軍隊不可以前進而下令前進，不知道軍隊不可以後退而下令後退，這叫做束縛軍隊。不知道軍隊的戰守之事、內部事務而統領三軍之政，將士們會無所適從。不知道軍隊戰略戰術的權宜變化，卻干預軍隊的指揮，將士就會疑慮。軍隊既無所適從，又疑慮重重，諸侯就會乘機興兵作難。這就是自亂其軍，坐失勝機。

【延伸閱讀】

一個國家最重要的是領土的完整，如果一個國君失去了對所屬領土的控制權，那麼他就不是一個真正意義上的君主，充其量也就是個傀儡。而將軍是守護領土最重要的人物。一個國君能夠識別並重用有才能的將軍，在將軍實行軍事行動時不亂加干預。有這樣的國君才是百姓之福、國家之福。

我們常說「用人不疑，疑人不用」，如果既想重用人才，又在此人有了一定成就之後，疑東疑西，惟恐功高蓋主，最終只會導致自己的滅亡。

南宋的岳飛是中國家喻戶曉的民族英雄。他的一首《滿

江紅》震撼感染了無數人。

岳飛，河北相州人士，字鵬舉，自幼習武，能拉起三百斤張力的大弓，使用八百斤的腰弩，又喜讀《左傳》、《孫子兵法》。岳母姚氏教子有方，常常對岳飛曉以大義，並在他的後背刺了「精忠報國」四個字，希望岳飛能夠殺敵報國。

岳飛於宣和四年從軍，雖因為屢次違抗上級命令與金兵作戰而受到貶黜，但戰功卓著，曾單騎退敵，單槍匹馬於金兵陣前取人首級。紹興四年，岳飛成為獨當一面的大將。第一次北伐結束後，三十二歲的岳飛即成為清遠軍節度使。升為將帥後，岳家軍的威名更傳於四方。岳飛治軍嚴明，受到士兵和人民的愛戴，就連他的敵人金兵也敬畏有加。

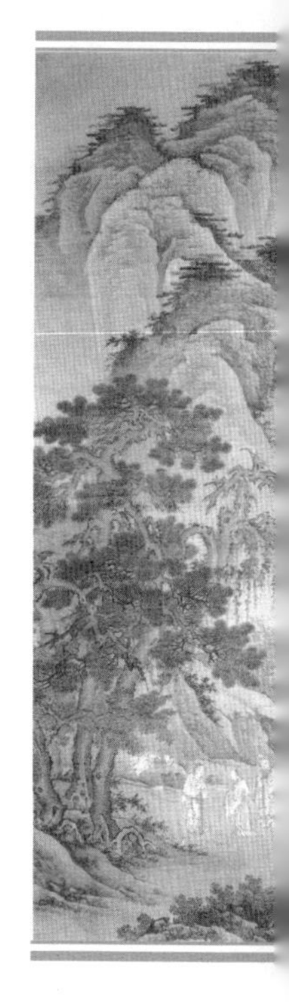

紹興十年，第四次北伐開始，完顏阿骨打的四子完顏宗弼（兀朮）撕毀和約，分四路南下，朝廷震動。岳飛奉命迎敵，英勇奮戰，打得金兵節節敗退。

當年七月，金兀朮領完顏突合速、蓋天大王完顏宗賢、昭武大將軍韓常等將與岳家軍對陣郾城。金軍在此次戰鬥中投入了大量兵力，金兀朮以一萬五千拐子馬突擊宋軍。岳飛令其子岳雲出戰，岳雲領兵殺入敵軍陣營，上打人頭下打馬腿。殺得敵軍這支精銳部隊大敗而歸。金兀朮看罷，乃仰天長歎：「自海上起兵，皆以此勝，今已矣！」

後在潁昌，岳飛命岳雲帶八百騎兵擊敗金軍十萬大軍，出城的岳家軍殺得「人為血人，馬為血馬」，殺死兀朮女婿，金軍副統軍。在朱仙鎮，岳飛命一猛將帶五百背嵬騎兵衝擊敵陣，大破金軍，金兀朮逃回汴京。宋軍捷報頻傳，震動京城，岳飛興奮地對部下說：「今次殺金人，直搗黃龍府，當與諸君痛飲！」金兵只得偃旗息鼓，頗為沮喪地哀號：「撼山易，撼岳家軍難！」

就當岳家軍大敗金兵，軍心大振，準備直搗黃龍之時，朝廷卻向岳飛下了十二道「回師令」，讓他即刻班師回朝。此時的金軍主力被壓在開封的北部與東部不敢抬頭。

岳飛不無遺憾地說：「此正是陛下中興之機，乃金賊必亡之日，若不乘勢殄滅，恐貽後患！」但是朝廷並沒有收回諭旨，反而連連催逼。回朝後高宗趙構以論功行賞為名相繼解除了岳飛、韓世忠、張俊等將領的兵權，為《紹興和議》的簽訂鋪路。為了保證和議的順利簽訂，紹興十一年十月，秦檜指使手下以「莫須有」的罪名誣告岳飛，稱岳飛擁兵自重企圖謀反。隨即岳飛及其部下還有兒子岳雲也被捕入獄。

紹興十一年的除夕夜，即西元1142年一月二十七日，岳飛遇害於風波亭，岳雲也被斬首棄市，年二十三歲。岳飛家產被抄，全家被流放至嶺南，部屬也有六人被治罪。

殺了忠臣良將岳飛，將士、人民一片譁然。南宋又一次割讓求和，偏安一隅。即便如此，好景仍不長，敵人的野心不是南宋的退讓能滿足的。南宋在君王因猜忌而干預戰事的情況下，不僅始終臣服於金，最後被蒙古滅亡了。

在現代的企業管理中，能夠給予充分的空間讓下屬去發展是十分不易的，但是一些有遠見的企業主管應從高瞻遠矚的視角去培養人才，放任有才能的下屬盡情施展自己的才華。

要想吸引人才，讓有才能的人歸屬公司，就要贏得人才之心。重視人才並且給予充分的信任和空間，才能促進企業的進步和長足發展。

第五章　知勝有五

【原文】

故知勝有五：知可以戰與不可以戰者勝；識眾寡之用者勝①；上下同欲者勝②；以虞待不虞者勝③；將能而君不御者勝④。此五者，知勝之道也⑤。

【注釋】

①識眾寡之用者勝：能善於根據雙方兵力對比情況而採取正確戰法，就可以取勝。眾寡，指兵力多少。

②上下同欲者勝：上下同心協力的能夠獲勝。同欲，意願一致，指齊心協力。

③以虞待不虞者勝：自己有準備對付沒有準備的敵人則能得勝。虞，有準備、有戒備。

④將能而君不御者勝：將帥有才能而國君不加掣肘的能夠獲勝。能，賢能、有才能。御，原意為駕馭，這裡指牽制、制約。

⑤知勝之道也：認識、把握勝利的規律。道，規律、方法。

【譯文】

所以，預見勝利有五個方面：能準確判斷仗能打或不能打的，勝；知道根據敵我雙方兵力的多少採取對策者，勝；全國上下、全軍上下意願一致、同心協力的，勝；以有充分準備來對付毫無準備的，勝；主將精通軍事、精於權變，君主又不加干預的，勝。以上就是預見勝利的方法。

【名家點評】

知可以戰與不可以戰者勝。

孟氏曰：「能料知敵情，審其虛實者勝也。」

【延伸閱讀】

孫子在這一章中告訴我們怎樣能準確判斷仗能不能打得勝：能準確判斷仗能打或不能打的，勝；知道根據敵我雙方兵力的多少採取對策者，勝；全國上下、全軍上下意願一致、同心協力的，勝；以有充分準備來對付毫無準備的，勝；主將精通軍事、精於權變，君主又不加干預的，勝。

1. 準確分析，精準判斷。在生活中我們做事的時候，對事件的客觀規律一定要有一個初步的了解。要明確知道能不能做，應該怎樣做，和醫生治病一樣，要對症下藥，在我國古代就有一個鮮明的例子——田忌賽馬。

被挖去雙膝的孫臏知道齊國使者出使大梁，就祕密地以囚徒身分求見他，和他談一些國家大事，齊國的使者在言談之間發現孫臏言語不俗，就用車把孫臏偷偷運回了齊國。孫臏到了齊國之後，得到大將軍田忌的賞識，把他奉為了上賓。

田忌和齊國的公子們賽馬，常常設重金。孫臏經歷過幾次後就發現，其實他們馬的腳力都差不多，大體可分為上中下三等。於是孫臏就對田忌說：「將軍你只管多多地下賭注，我擔保你能贏。」於是田忌就以千金的價錢來給這場馬賽下注。孫臏對田忌說：「將軍你用你的下等馬對他們的上等馬，用你的中等馬對他們的下等馬，用你的上等馬對他們的中等馬。」田忌於是照著他的話做，果然贏了這場比賽，得了千金。

田忌更加相信孫臏的才能，把他推薦給了齊威王，之後齊威王常常向他請教一些兵法。

我們在生活中一定知道自己的所長，和自己的不足。用自己的長處去彌補自己不足的地方，智慧地去生活。

2. 知道根據敵方兵力的多少去採取對策。在生活中我們要根據困難的外在形態和它的內在規律去解決它，而不能盲目瞎闖，犯了主觀思考的錯誤。

3.「全國上下、全軍上下，意願一致、同心協力，勝。」萬眾一心，其利斷金。團隊的力量可以創造奇蹟。成功的背後永遠不會是一個人，肯定是團隊的力量。

古代一個老人有三個兒子，小的時候他們互幫互助倒也團結，長大以後他們各自成家立業，為了些微的家產，打得頭破血流，相互指責對方的不是。

老人看在眼裡急在心裡。心想畢竟是一家人，兄弟不和會被外人欺侮。有一天老人生了重病，臨終前他叫來三個兒子，讓大兒子拿一根筷子折斷，老大很容易就做到了。老人又讓大兒子拿來一捆筷子讓他折斷。結果，大兒子怎麼也做不到了，於是老人又讓二兒子和小兒子來做這件事，他們都沒能折斷這一捆筷子。老人看到這，語重心長地說：「看到了吧，你們兄弟不和，每個人就如同這一根筷子，很容易被摧折的。如果你們兄弟能齊心協力，誰又能動得了你們呢？」三個兒子聽後恍然大悟，從此聽從老人的話，和睦相處了。

一個人的力量就好比一根筷子，別說能夠輕易折斷，就是最基本的工作夾飯菜都做不到，既然如此，為什麼不團結你周圍的人呢？為什麼不想辦法讓自己的團隊團結如鋼呢？

4.「主將精通軍事、精於權變，君主又不加干預的，勝。」一個有勇有謀的精幹將領，同時又能厚德載物，在戰場上是可以控制局勢的。一個國家有了這樣的良將不愁不打勝仗，但是如果君主干涉太多反而會影響戰事。

建隆二年（西元961年）七月，宋太祖趙匡胤宴請禁軍宿將，有兵權也有功勞的將領們差不多都出席了。在宴席中，酒過三巡後趙匡胤說：「如今我做了皇帝，全靠了你們啊！雖說如今天下已定，但是我還是每天晚上睡不著覺啊。」石守信等忙問其故。趙匡胤說：「雖然你們沒有想當皇上的想法，但是如果有一天，你們的部下貪圖富貴，強將黃袍加在你們的身上，到時你們不想當皇帝都不行了啊！」將士們一聽心裡都明白了他的意思，於是問他說，應該怎麼辦呢？趙匡胤委婉地提出讓他們交出兵權。第二天上朝，石守信等人都紛紛上表辭官交出兵權，趙匡胤隨即批准。

「杯酒釋兵權」在歷史上很有名，許多開國皇帝都用過此招數。趙匡胤這麼做有他的原因，他本是後周大將，是被部下們黃袍加身當上的皇帝。如今他坐上皇位怕歷史重演，自然寢食難安。所以要削弱將領們及藩鎮節度使們的兵權，加強中央集權，防止兵變。但他這麼做的弊端也是不容忽視的。這種將不帶兵、兵不知將的軍隊大大削弱了戰鬥力，為大宋的邊疆問題埋下了隱患，使宋朝在遼、夏、金的戰鬥中屢屢處於被動的地位。

作為一個企業的領導人或者一個家長，不能過多地對部下或子女指手畫腳。過多強調自己的意志，不一定達到你想要的目的，反而抑制了他們的創造性。

第六章　知彼知己，百戰不殆

【原文】

故曰：知彼知己者，百戰不殆①；不知彼而知己，一勝一負②；不知彼，不知己，每戰必殆。

【注釋】

①知彼知己者，百戰不殆：了解敵方也了解自己，每一次戰鬥都不會有危險。殆，危險。

②一勝一負：指無必勝的把握。

【譯文】

所以說：了解敵方也了解自己，每一次戰鬥都不會有危險；不了解對方但了解自己，勝負的機率各半；既不了解對方又不了解自己，每戰必敗。

【名家點評】

知彼知己者，百戰不殆。李筌曰：「量力而拒敵，有何危殆乎？」孟氏曰：「審知彼己強弱、利害之勢，雖百戰實無危殆也。」

【延伸閱讀】

「知彼知己，百戰不殆」這句話的含義很直白，就是說：了解敵方也了解自己，每一次戰鬥都不會有危險。孫子在這一章中還談了如果你不了解這兩方面或者說只知其一不知其二會有什麼結果。一個人在遇到困難，或者說在做事情的時候，一定要了解自身的情況和所面對事情的枝節末葉、內裡外在。同時也要了解同處這環境中其他人的情況，以便於取長補短，把事情做到臻於完美。

如果你只了解自己，不了解對方，那麼你成功的機率只有百分之五十。如果你既不了解自己也不了解對方，那麼你做的事情注定要失敗。

了解自己的時候同樣要正確判斷，如果對自己的能力評價太低，就會不自信，做事綁手綁腳影響做事的效率；如果對自己的能力評價太高就會自負，同樣會導致失敗。

秦國的呂不韋就是一位能審時度勢的聰明人，他的得勢就是一部知己知彼的傳奇。

呂不韋，秦國丞相，戰國末年著名的思想家、政治家。他曾輔佐秦莊襄王登上王位。在學術上他也卓有成就，組織門客編著了著名的《呂氏春秋》，是雜家的代表人物。呂不韋的故鄉是衛國濮陽，他往來各地，透過低價買進高價賣出，累積了大量資金，是名震一時的大商人。

西元前258年，呂不韋到趙國的邯鄲經商，結識了在此做人質的秦國王孫子楚。認為「奇貨可居」，於是在生活上經常資助他，並遊說華陽夫人，用重金替子楚打通關節。因華陽夫人無子嗣，所以他先是買通華陽夫人的弟弟和姐姐，替子楚說好話立他為太子。不久子楚的父親秦孝文王去世，子楚得立。呂不韋功不可沒，受封為文信侯，並任秦國相國。呂不韋至此華麗變身，政治之路大開。呂不韋還把自己的一個歌姬送給了子楚做夫人，生下了身分撲朔迷離的秦王嬴政。

秦王嬴政即位後，仍任呂不韋為相國，稱「仲父」，食邑有藍田（今陝西藍天縣西）十二縣，河南洛陽十萬戶，門下賓客三千，家僮萬人。

呂不韋結識了子楚，並了解子楚的身分，和秦國的形勢。利用自己商人的資金優勢，上下疏通，為自己開闢了一條政治大道。如果呂不韋沒有雄厚的財力，就不能支持打通關節的開銷，顯然呂不韋是清楚這一點的，同時他也透過了解秦國的形勢，利用旁敲側擊的方式，透過華陽夫人這個重要人物實現了自己的意圖。

其實一個人的職場生涯，也適用孫子的這條用兵之道，你足夠

勤奮而又能「知己知彼」，一定能「百戰不殆」。能知己所長避己所短，一定能在工作中做出成績，實現自己的人生價值。

在亞洲流行樂壇有著至高地位的周杰倫，改變了流行音樂停滯不前的現狀，以創新的姿態引領音樂潮流。在海峽兩岸，不論是業內口碑還是歌迷人氣均居高不下。周杰倫在著名的綜藝節目《康熙來了》中說過：「我知道自己在音樂上有才華，但在其他方面我只是個普通人。」

周杰倫本來是個沉默寡言的年輕人，他從小熱愛音樂，但在課業上不是特別突出。中學畢業後他沒有考上大學，在一家餐館打工。他所做的工作是傳菜，從廚房裡端出菜來再傳給外面的女服務生。看似簡單的工作卻因為周杰倫一直沉迷於音樂，而不斷出錯。一次，他為了聽餐廳裡的一首歌，和一個女服務生撞到一起，菜全翻了。結果不僅被扣薪資，還被老闆怒罵。後來餐廳為了招攬生意，買了一架鋼琴。周杰倫偶然彈了一曲，老闆聽後很滿意，就讓他專門負責餐廳裡曲子的彈奏，並可以演繹自己的創作。

周杰倫就這樣一步一步接近自己的夢想。一個偶然的機會他進入了一個電視台的選秀，被吳宗憲賞識，讓他專門寫歌。周杰倫最初的歌曲並沒有得到大家的認可，但他仍然不放棄，以一天一首歌的速度寫歌。每天早晨八點之前吳宗憲桌上都擺著一首周杰倫的作品，他的勤奮打動了吳宗憲。吳宗憲讓他十天內寫五十首歌，如果能做到就在他寫的五十首之中選出十首為他出專輯。周杰倫知道這是一個他等了很多年的機會。為此他買了一箱速食麵吃、住在工作室，埋頭工作。到約定之日，五十首歌不僅全部完成，而且寫的漂漂亮亮，工工整整。

選出來的十首歌組成的專輯一經上市，就橫掃各大頒獎典禮，並且得到歌迷的熱捧。

周杰倫深深了解自己的音樂才華，並且知道在音樂方面堅持和

抓住機遇的重要性。

每一個剛進入職場的新人，都不可避免地會遇到職場之初的挫敗，能夠了解自身所長並加以利用，洞悉並抓住此行業的機遇，一定會為自己帶來新的生機，實現自己的職業抱負。

第四篇 形篇

第一章 勝可知，而不可為

【原文】

孫子曰：昔之善戰者，先為不可勝①，以待敵之可勝②。不可勝在己，可勝在敵。故善戰者，能為不可勝，不能使敵之可勝。故曰：勝可知，而不可為③。

【注釋】

①先為不可勝：先使己方不可被戰勝。

②以待敵之可勝：待可戰勝敵方之時機。

③勝可知，而不可為：有備則勝利可預見，但在無機可乘時則不可強求。

【名家點評】

勝可知，而不可為。

《淮南子·詮言》：「故用兵者，先為不可勝，以待敵之可勝也；治國者，先為不可奪，以待敵之可奪也。」

《管子·立政九敗解》：「我能毋攻人可也，不能令人毋攻我。」

【譯文】

孫子說，以前善於用兵作戰的人，總是首先創造自己不可被戰勝的條件，並等待可以戰勝敵人的機會。使自己不被戰勝，其主動權掌握在自己手中；敵人能否被戰勝，在於敵人是否給我們以可乘之機。因此，善於作戰的人只能夠使自己不被戰勝，而不能使敵人一定會被自己戰勝。所以說，勝利可以預見，卻不能強求。

【延伸閱讀】

「勝可知，而不可為」就是說勝利可以預見，卻不能強求。孫子這一章介紹的用兵之道說的是：能夠讓自己長盛不衰的祕訣，是讓自己足夠強大。首先讓自己立於不敗之地，再找機會打敗對手。主動權掌握在我們自己的手上後，對手能否被打敗的關鍵是看對手有沒有破綻。

不斷地超越自己是致勝的唯一法門。

嚴格要求自己，使自己的各方面表現趨於完善，符合職位的要求。哪怕你不去爭取，最後的勝利都是屬於你的。「處處不爭處處爭」的雍正皇帝之所以能在康熙選儲期間，在眾多有才能的皇子中脫穎而出，就是秉承了獨善其身的哲學。

康熙兒子眾多，共三十五個，其中排序的有二十四個，成年受封的就有二十個。但是早在康熙十三年康熙二十二歲的時候就冊立了皇儲——皇后生的二兒子允礽。皇后赫舍里氏出身高貴，是康熙的表妹。在生允礽時難產而死，康熙非常傷心，在允礽兩歲的時候就冊封他為太子。在立儲後三十年漫長的等待中，太子急功近利，首先和自己母親的叔父——大學士索額圖結黨營私，窺視皇權。康熙帝處死了索額圖，並警告了太子。後他又與康熙的妃子私通。最後康熙兩廢允礽的皇儲之位，引起有野心的皇子們爭奪皇位。

其中以八阿哥為首的皇八子黨和太子黨的鬥爭最為明顯。八阿哥允禩聰明能幹，在第一次廢黜太子時，他總管內務府，被譽為「有才有德」，深得眾心。他與皇長子允禔勾結，結交黨羽，謀為代立，被一些大臣認為是繼承皇位希望最大的人選。聖明的康熙其實早有察覺，有次他故意讓大臣們推舉皇儲的人選，大學士馬奇等密舉允禩。後來康熙革允禩爵位，查處皇八子黨。

此時的皇四子胤禛雖然從不放鬆對皇儲位置的關注，但是卻不動聲色，從不刻意顯示自己的聰明，只是偶爾小露才華。他從不結交黨羽，放任自己一母同胞的弟弟皇十四子依附皇八子黨。

在上，胤禛孝順父母。對康熙注重誠孝，在康熙生病時他侍候左右，送水端藥，時常勸父皇保重。在廢黜允礽時，胤禛還替太子求情，康熙認為皇四子是仁厚之人。

胤禛在沒有參與兩黨派之爭的同時還友愛兄弟，廣結善緣。在皇帝交予的政務上，他勤勉不懈，廣收民心。

就這樣，無論是出身還是當時的形勢無一優勢的皇四子胤禛在眾兄弟爭奪皇位之時，置身事外，在做人做事上下工夫，讓自己在心胸德才上勝於他人。在四十五歲的時候，胤禛終於坐上皇位，當上了皇帝。

我們應該學習這樣的做事態度。古語有云：「但行好事，莫問前程。」在生活中我們把精力放到做正確的事上面，前程自然似錦。

有這樣一個大公司的銷售員，他的反應不是最靈敏的，口才也不是最好的。在人才濟濟的公司當中，他並不引人注目，最初的銷售工作更是成績平平。他的朋友甚至勸他放棄這份工作，另尋他路。但是他沒有放棄，而是在工作中踏踏實實地做好每一個細節，向工作中的每一個同仁請教他們的經驗。

甚至在他吃穿住行時，都花心思在工作上，有次出差到外地，在入住飯店簽名的時候，他靈機一動，簽完名之後在下面空白處寫下了他所負責的產品的名稱和自己的聯繫方式，並寫下了簡潔的祝福。從此他在需要簽名並可以留言的地方，都留下自己產品的名稱。

憑藉他在生活、工作中的點滴累積，他的業績終於有了起色，並慢慢地做得很出色，為公司帶來了豐厚的利潤，得到了公司高層的賞識。最後他成為公司最出色的員工，並持有公司的股份，成為公司的董事。

把生活的主動權握在自己手中，不必去在乎對手的強弱和事情的難易。我們既不能因為對手的強大而放棄，也不能因為對手的弱小而輕敵。不因對手的變化而改變自己的生活狀態，堅持不懈地去學習知識，累積經驗，開闊眼界，拓寬胸懷。那麼無論世事怎樣風雲變幻，你自可以巋然不動，笑看風雲。

第二章 善守者藏於九地之下，善攻者動於九天之上

【原文】

不可勝者，守也①；可勝者，攻也②。守則不足，攻則有餘③。善守者，藏於九地之下④；善攻者，動於九天之上⑤，故能自保而全勝也。

【注釋】

①不可勝者，守也：無把握勝敵，則守。

②可勝者，攻也：有把握勝敵，則攻。

③守則不足，攻則有餘：防守是取勝的條件還不充分，進攻是戰勝敵人的條件已具備。

④藏於九地之下：九指最大之數，意為深祕隱藏。

⑤動於九天之上：指攻勢雷霆萬鈞，敵人無法抵擋。

【譯文】

敵人無可乘之機，不能被戰勝，則防守以待之；敵人有可乘之機，能夠被戰勝，則出奇攻而取之。防守是因為我方兵力不足，進攻是因為兵力超過對方。善於防守的，隱藏自己的兵力如同在深不可測的地下；善於進攻的部隊就像從天而降，敵不及防。這樣才能保全自己而獲得全勝。

【名家點評】

善守者藏於九地之下，善攻者動於九天之上，故能自保而全勝也。

《六韜．虎韜．必出》：「若從地出，若從天下。三軍勇鬥，莫我能禦。」

《荀子．議兵》：「善用兵者，感忽悠暗，莫知其所從出。」

【延伸閱讀】

「善守者，藏於九地之下；善攻者，動於九天之上。」說的是如果我方兵力不足，而敵人又無可乘之機，那麼我們就需要防守，保存兵力。在防守的時候，隱蔽功夫要做足，

要使自己一方的情況像隱藏在深不可測的地下。

如果敵軍有可乘之機，進攻定能取勝。那麼我方就要盡快進攻，給敵人一個措手不及，進攻部隊就像從天而降一樣，使敵人完全沒有防禦的能力，這樣我們就能取得徹底的勝利。

在這一章中，我們可以從孫子的軍事智慧中，領悟到我們應該怎樣面對生活中的困境和機遇。

每個人都會面臨生活的低潮或事業的瓶頸期，在這一時期我們要堅定志向，沉得下心情守得住寂寞。一旦機遇來臨，動作就要快，不能再三心二意猶豫不決。

用直鉤釣魚的姜太公就是能夠在人生低潮中耐得住寂寞的人。姜尚，字子牙。因又名望，後尊稱太公望。武王尊稱為師尚父，後世之人都尊稱為姜太公。他是韜略的鼻祖，儒、道、法、兵、縱橫等諸家都追其為本家，被稱為百家宗師。

然而就是如此傳奇式的人物，曾在早期相當長的時期內不得志，如今的戲文中還流傳著姜尚經商的故事。姜尚賣過糧食，但是他一心鑽研兵法和天下局勢，總是因報錯價錢而虧本，最後還因擺攤的位置不當，被官兵收走。之後他還開過酒館，宰過牛羊，但都因為經營不當和分心研究國家大事而血本無歸，最後生活沒有著落，妻子也離他而去。

即使這樣姜尚也沒有妄自菲薄，他動心忍性，潛心修煉，相信自己一定能有所作為。直到他六十歲滿頭白髮時，在商朝仍是懷才不遇。後來他聽說西伯侯姬昌正在招賢納士，於是姜尚千里迢迢來到了西岐，到了西岐之後，姜尚並沒有急著自薦，而是每日垂釣於渭水之濱。他釣魚與別人不同，他不設誘餌而且他的魚鉤是直的。他一邊釣，一邊自言自語道：「姜子牙釣魚，願者上鉤。」一個叫武吉的樵夫看到後說：「釣魚哪有用直鉤的，像你這樣即使釣一百年也釣不上一條魚來啊！」姜尚笑著答道：「你懂什麼！我釣的不是魚，而是王侯。」

後來周文王姬昌聽說了此人，親自到渭水之濱去拜訪他。姜尚最終得到了周文王的重用，封侯拜相，他輔佐武王伐紂，成就了一番偉業。

姜尚直鉤釣到周文王的時候，已經是六、七十歲的老人了，他的前半生漂泊不定，生活窘迫。在這漫長的人生低潮期，他不停地鑽研天文地理，觀察天下局勢，終究成就了一番事業。這和在局勢不盡如人意的時候，能夠安貧守道、動心忍性是分不開的。

在生活中我們也要善於發現機遇、抓住機遇，機遇有時能改變人一生的命運。

在法國有一個畫家叫吉麥，他以作畫度日，生活困苦。一天他習慣地在院子裡支起畫架，調好顏料準備畫畫。他的妻子在旁邊晾曬洗好的衣服。吉麥畫畫作到忘情處，習慣性地甩了一下畫筆，藍色的顏料濺到了白色的襯衫上。妻子非常不高興，只得重新洗，但是無論怎樣洗也洗不掉。只能就這樣晾上，沒想到的是，晾乾以後染上藍漬的地方居然更潔白了。

畫家很驚訝，他開始研究是怎麼回事，於是又重新做了一次類似的實驗。結果還是一樣，原來白色的衣物摻雜了這種帶有化學成分的藍色顏料會被洗得更加潔白。於是他把這種成分加以完善，製成了用於增加衣物潔白的商品，並大量投入生產，逐步建立了自己的洗衣劑王國。

能夠有成就的人都是能夠迅速抓住機遇的人，畫家吉麥成功創業就是因為他迅速抓住了一個生活中偶然出現的現象。在現實生活中人們怎樣抓住機遇獲得成功呢？

第一，要加強自己的專業素養，「機遇永遠留給有準備的人」，這句話永不過時，就以上述的畫家為例，他了解顏料的化學結構，而且對顏色也足夠敏感。試想一下，如果一個油漆工遇到這件事，他抓住機遇的機率有多大呢？所以，在自己的專業領域裡，一定要提高自身的素質。

第二，用心研究，細心觀察。無論是生活還是工作都不要疲於應付，敷衍了事。魯迅先生說過：「無論你愛什麼，只有糾纏如毒蛇，執著如怨鬼，二六時中，沒有已時者有望。」其實說的就是用心，機遇往往就蘊藏在細節當中。

第三，不以物喜不以己悲。生活、工作中總避免不了遇到麻煩，碰到挫折。不要一味沉溺在懊悔、沮喪之中，機遇往往與挑戰並存，戰勝困難的時候也可能是你與機遇不期而遇的時候。

第三章 勝兵先勝而後求戰，敗兵先戰而後求勝

【原文】

見勝不過眾人之所知①，非善之善者也；戰勝而天下曰善，非善之善者也。故舉秋毫②不為多力，見日月不為明目，聞雷霆不為聰耳。古之所謂善戰者，勝於易勝者也③。故善戰者之勝也，無智名，無勇功。故其戰勝不忒④，不忒者，其所措必勝，勝已敗者也⑤。故善戰者，立於不敗之地，而不失敵之敗也⑥。是故勝兵先勝而後求戰，敗兵先戰而後求勝。善用兵者，修道而保法，故能為勝敗之政⑦。

【注釋】

①見勝不過眾人之所知：預見勝利但未超過常人之可知。

②秋毫：指鳥獸秋季更生之毫毛，形容極輕，舉之並不費力。

③勝於易勝者也：戰勝很容易戰勝的對手。

④忒（ㄊㄜˋ）：差錯，失誤；不忒：不出差錯。

⑤勝已敗者也：戰勝敗局已定的敵人。

⑥不失敵之敗也：不放過使敵人失敗的機會。

⑦修道而保法，故能為勝敗之政：修明德政，堅守法制，即可掌握勝敗之主動權。

【譯文】

預見勝利不能超過平常人的見識，算不上最高明；交戰而後取勝，即使天下都稱讚，也不算上最高明。正如舉起秋

【名家點評】

勝兵先勝而後求戰，敗兵先戰而後求勝。

《文子．下德》：「善用兵者，先弱敵而後戰，故費不半而功十倍。故千乘之國，行文德者王；萬乘之國，好用兵者亡。王兵先勝而後戰，敗兵先戰而後求勝，此不明於道也。」

毫稱不上力大，能看見日月算不上視力好，聽得見雷鳴算不上耳聰。古代所謂善於用兵的人，只是戰勝了那些容易戰勝的敵人。所以，真正善於用兵的人，沒有智慧過人的名聲，沒有勇武蓋世的戰功，而他既能打勝仗又不出任何閃失，原因在於其謀劃、措施能夠保證他所戰勝的是已經注定失敗的敵人。所以善於打仗的人，不但使自己始終處於不被戰勝的境地，也絕不會放過任何可以擊敗敵人的機會。所以，打勝仗的軍隊總是在具備了必勝的條件之後才交戰，而打敗仗的部隊總是先交戰，在戰爭中企圖僥倖取勝。善於用兵的人，潛心研究致勝之道，修明政治，堅守法制，所以能主宰勝敗。

【延伸閱讀】

「故舉秋毫不為多力，見日月不為明目，聞雷霆不為聰耳。」而在本章中，孫子用形象的方法告訴我們有些勝利是不值得驕傲的。作為將要上戰場的將領，你要做的事就是打仗，如果你戰勝了比你弱得多的敵人，不值得稱讚。這就像能舉起鳥兒在秋天更換的羽毛不能稱得上力氣大，能看得見太陽和月亮算不上眼力好，能聽見雷鳴算不得耳朵靈敏。因為這也是普通人能輕易做到的事情。

真正的勝利應該是知難而上，百戰百勝。

如果要做到這些，在戰爭之前就要為勝利開創境地。這裡的「境地」是謹慎的調查分析，是詳細巧妙的佈置，是必勝的信念。在戰爭還沒有開始就使敵人注定失敗。

未戰而有了勝利的趨勢，又有正義的信念做支持的戰役當屬春秋時期的長勺之戰。西元前684年春，剛剛繼位的齊桓公不顧管仲內修政治、外修他國、伺機而動的建議，自恃自己國力強盛，兵強馬壯，大舉進攻魯國。企圖一舉攻陷魯國，以便向外擴張自己的勢力。

魯莊公聽到這個消息後，決定發動全國上下共同抗敵，與強大的齊國一決雌雄。此時的魯國汲取了乾時之戰的教訓，魯國國君於內修明政治取信於民，於外加強軍隊建設，加大了防禦力道。且此時的魯莊公亦能虛心接納賢才，而長勺之戰啟用了毫無名氣的曹劌也是此次著名戰役以少勝多取得勝利的關鍵。

經歷了乾時之戰的齊國，上至領軍人物鮑叔牙下至士兵都認為魯國的軍隊潰不成軍，打敗魯國猶如探囊取物。於是在發動戰爭之初，就毫無顧忌地長驅直入。魯國知道齊國來者不善，便避其鋒芒，沒有迎頭作戰，而是退至易守難攻的長勺，打起了防衛戰。齊國根本沒有把他們放在眼裡，敲起戰鼓大肆進攻，士兵們殺聲震天銳不可當。曹劌阻止了魯莊公迎戰的想法，只讓弓箭手以弓箭防禦，以使齊軍攻不進來。接連兩次，齊國人疲馬乏，猶如一隻拳頭打在了棉花上，既費了力氣，也挫了銳氣。當齊軍發動第三次進攻時，曹劌發現齊軍雖然還是來勢兇猛，但相比之下已經比前兩次差了很多，於是他讓魯莊公親自擂鼓助戰，魯軍的軍心大振，一鼓作氣殺得齊軍落花流水，節節敗退。

取得了決定戰局的勝利，又看到齊軍潰不成軍，魯莊公本想乘勝追擊，但曹劌怕齊軍佯裝敗退而使誘敵之術，於是他登上車轅觀看，發現齊軍的旗幟雜亂，車轍印和腳印都凌亂不堪，於是知道齊軍敗退不是假的，便下令追擊，一舉把齊軍趕出了魯國的邊境。魯軍獲勝後，莊公與曹劌論及戰爭勝負的原因，引出了曹劌有名的作戰勇氣論：「一鼓作氣，再而衰，三而竭」，意思是說：第一次擊鼓奮發士氣，第二次就衰竭了，等到第三次擊鼓，士氣就沒有了。「彼竭我盈」，敵人士氣喪失殆盡，而我方第一次擊鼓，士氣正盛，所以能戰勝敵人。

這次戰役的規模不是很大，但在歷史上卻有著重要的地位。齊軍顯然是《孫子兵法》此章中的「先戰後勝」之兵，而魯國雖然弱小，但因為有了勝利的準備，所以有了勝利的把握，更重要的是在此次戰役中魯國是正義之戰，有正義信念的支持，因此處於不敗之地。

我們做事也要在勝中戰，不在戰中勝。如果我們在做事之前就做好了勝利的準備，那麼勝利一定屬於我們。

美國經典電影《刺激1995》就為我們講述了這樣一個故事。

故事的背景是在1947年，據說是根據真人真事改編的。一個名叫安迪的銀行家一天深夜回家發現妻子和一個高爾夫教練私通，憤怒的安迪想在醉酒之後用手槍結束這對狗男女的命。但最終心軟的安迪沒有這麼做，他把手槍扔到了河裡。巧合的是，妻子和情人在當晚被槍殺，子彈型號和安迪的手槍相符，同時有人目睹了準備行兇前的安迪。於是安迪以謀殺罪入獄，被判無期徒刑。在肖恩克監獄，安迪遇到了故事中的另外一個重要人物瑞德。瑞德早在1927年入獄，多次假釋都沒有成功，最後成為監獄裡的風雲人物。只要付錢，瑞德就能替其他犯人弄到他們想要的東西。

在入獄之初，老犯人們都不看好一臉書生氣的安迪，認為他不可能在這樣的環境下生存下來的。沒想到在接下來的監獄生活中，安迪顯得平靜而安逸，他總是一個人靜靜地去散步。他讓瑞德幫他弄到一把小的鶴嘴鋤，說是用來雕刻東西以消磨時光。之後瑞德又幫安迪弄了一張電影明星的海報貼在牆上。

不久機會來臨，安迪在和獄友們工作的時候偶然聽到了獄警們在為上稅的事情困擾，於是曾經是銀行家的安迪提出幫他們解決此問題。之後他擺脫了繁重的體力工作，專門為獄警們處理財務上的事情，甚至為典獄長洗黑錢。

一個新犯人湯米的到來打破了安迪的平靜，原來湯米了解安迪

的冤情並知道兇手是誰，願意為安迪出庭作證。安迪大喜過望，向典獄長報告了此事。沒想到監獄為了留住安迪竟然關了他禁閉，並不惜害死湯米。經過此事後安迪消沉了……

二十年後的一個雨夜，安迪在銅牆鐵壁的監獄裡突然不翼而飛。原來他在女明星海報的後面挖了一個洞，逃了出去。不僅如此，安迪還在為典獄長洗黑錢的時候安排好了一切，他蒐集了典獄長的犯罪證據，出去之後取了他的不義之財，並舉報了他。

瑞德終於獲釋了，他按照安迪在越獄前的提醒，在一個陽光明媚的日子裡找到了他，兩個老朋友在自由的空氣裡重逢了。

安迪用了二十年的時間為他最後的勝利做準備，當你陷入絕境的時候，不妨想想曾經待在肖恩克監獄的安迪，只要你肯為最後的勝利做充分的準備，笑到最後的肯定是你。

第四章 勝兵若以鎰稱銖，敗兵若以銖稱鎰

【原文】

兵法：一曰度①，二曰量②，三曰數③，四曰稱④，五曰勝⑤。地生度⑥，度生量⑦，量生數⑧，數生稱⑨。稱生勝⑩。

故勝兵若以鎰稱銖⑪，敗兵若以銖稱鎰。勝者之戰民也，若決積水於千仞⑫之溪者，形也。

【注釋】

①度：即度量、分析地理形勢。

②量：計量物資的容量。

③數：計算可動員的兵力多寡。

④稱：衡量敵我實力。

⑤勝：推算勝負。

⑥地生度：交兵之先度量地理形勢。

⑦度生量：按地理形勢而知人物力之強弱。

⑧量生數：按人物力可知可動員兵力之多寡。

⑨數生稱：按兵力多寡可衡量雙方實力。

⑩稱生勝：以雙方實力對比，可測知勝負形勢。

⑪以鎰稱銖：鎰，古代重量單位，合二十四兩或二十兩，言其重；銖，古代重量單位，二十四銖為一兩，言其輕。此處指實力懸殊。

⑫仞：古代長度單位，八尺為一仞；此句指猶如八千尺上之水，決堵而下，勢不可當。

【譯文】

兵法：一是度，即估算土地的面積，二是量，即推算物資的容量，三是數，即統計兵源的數量，四是稱，即比較雙方的軍事整體實力，五是勝，即得出勝負的判斷。土地面積的大小決定物力、人力的多寡，資源的多寡決定可投入部隊的數目，部隊的數目決定雙方兵力的強弱，從雙方兵力的強弱可推出勝負的機率。

獲勝的軍隊對於失敗的一方就如同用「鎰」來稱「銖」，具有絕對優勢，而失敗的軍隊對於獲勝的一方就如同用「銖」來稱「鎰」。勝利者一方打仗，就像積水從千仞高的山澗沖決而出，勢不可當，這就是軍事實力的表現。

【名家點評】

勝兵若以鎰稱銖，敗兵若以銖稱鎰。

《鬼谷子》：「以實取虛，以有取無，若以鎰稱銖。」

【延伸閱讀】

在本章的兩個小節中，孫子闡述了不可分割的兩點：「算」與「勝」。勝利是貫穿全書的主題，當然也是本書著作的目的。但如果想取得軍事行動中的勝利，「算」是必不可少的步驟。小到丈量土地，大到民心所向，都在「算」的範疇之內。正所謂運籌帷幄才能夠決勝千里之外。

三國時期的千古名相諸葛亮就是以「算」著稱於世。在《三國演義》中諸葛亮在帷帳中掐指算東風，與東吳的周瑜一起大敗曹軍，上演了歷史上有名的「火燒赤壁」。

西元208年，曹操大舉進攻劉備，占領了荊州的一些重要地區，並打算吞併佔據江東的孫權勢力。當時劉備已經被迫退守夏口，曹操率領二十萬大軍沿江東直逼夏口，迫於形勢，孫劉決定聯手抗曹，兩方組織了五萬兵馬迎曹於赤壁。

周瑜和諸葛亮都認為曹操的軍隊勢力強大，軍隊正面迎戰恐不能戰勝，於是決定用火攻。在火攻之前還使了一連串的連環計。先是周瑜召開會議討論作戰方案，黃蓋稱：「敵人太強大，不如直接投降。」周瑜大怒，打了黃蓋五十下軍棍，並把這個消息送到曹操的耳朵裡，同時曹操的奸細也報告了這個情況。黃蓋於是送信給曹操表示要投奔於他，曹操信以為真。後來龐統也假意來降，曹操非常高興，就向龐統請教，士兵們都是北方人，不熟悉南方水戰，怎麼辦？龐統說：「這也容易，只要用鐵鍊把戰船連起來，再鋪上木板就行了。」曹操照他的話做，船果然平穩了許多。士兵們在戰船上能夠站穩了，猶如在陸地上一樣。但是也有謀臣擔心，戰船連在一起固然穩了很多，但是如果敵人用火攻，那就不好辦了。曹操聽後哈哈大笑說：「現在是冬季，敵人又是在南方，只會刮西北風，不會刮東南風，有什麼好怕的呢？」

不料諸葛亮上知天文，下知地理，他夜觀天象，算出了哪天會刮東南風。於是準備妥當，到了那天，曹操迎接約好來降的黃蓋。黃蓋帶著十幾條小船乘風而來，卻不是來投降的，船上都是稻草和易燃的油。黃蓋一聲令下，十幾條小船同時點著，順著風勢衝到了曹營。因為戰船都連在一起，而士兵們又不太識水性。曹軍大敗，倉惶回到岸上。不想周瑜又用火燒掉了營帳。曹操狼狽突圍，退回北方。

赤壁之戰使孫權的江南地位穩固，而劉備也穩坐荊州。在這場戰役中，諸葛亮的「算」產生了至關重要的作用。

《孫子兵法》中這兩小節中的「算」不只是簡單的分析，而且把敵我雙方的調查分析量化、具體化。「算」精準一分，勝利的可能性就增加一分。

在職場中，我們也需要這種「算」的意識。算對手，算事態，更要算自己。不是要簡單地算，而是要具體地算，把算的各項指標量化，再量化。

有個大學生小王，大學畢業進入職場後，總是四處碰壁。不是找不到合適的工作，就是在工作中勝任不了，或某項職業實際上限制了他的發展，看到同學們都已經在工作中取得了一些成績，小王心下暗暗著急，病了一場。這時，他的一位同學來看他。

小王得知這位同學已經得到了老闆的賞識升職了，就不無羨慕地向這位同學請教：「上學的時候我們的成績不相上下，為什麼你發展得這樣好，我的原因到底出在哪裡呢？」這位同學聽完小王的敘述，向小王要了紙筆，寫下幾個字：職業分析。接著他列出了幾項，如：小王的長處是什麼，小王不擅長的是什麼，小王的性格特點是怎樣的，小王喜歡的專業是什麼，小王曾經有過怎樣的工作經驗。接著又列了另一縱行，寫的是職業以及公司規模等各項指標。透過這樣具體的分析，小王恍然大悟，以往自己求職總是以喜好和社會上的熱門行業作為考量，這樣的職業之路自然遇到很多的阻礙。

最後小王根據好朋友的建議，客觀仔細地分析了自己的情況，找到了一份適合自己的工作，職場之路終於打通了。

如果你還在職場掙扎，不妨學學此章中孫子的治兵之道。去「算」一「算」，把自身的各項指標量化，理性地去分析，找到正確的那條路，扭轉現狀應該不是困難的事。

第五篇 勢篇

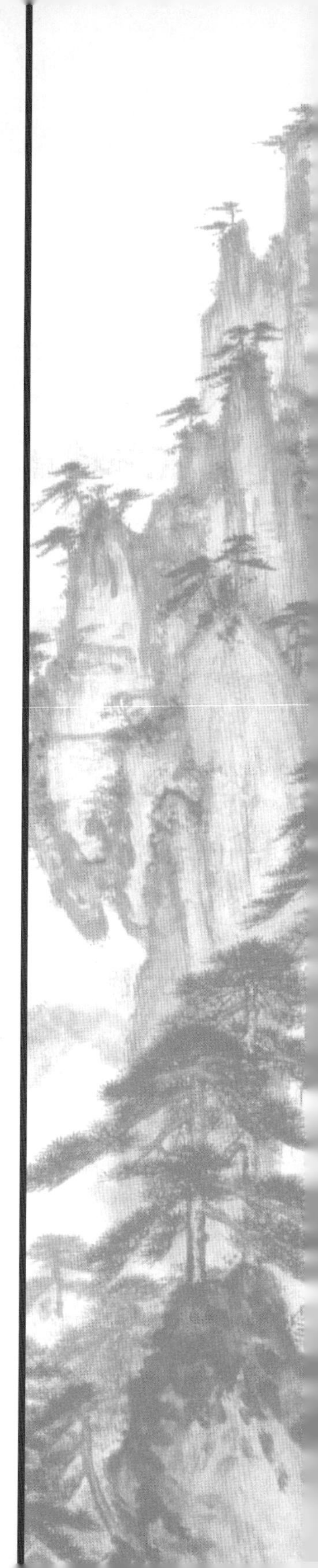

第一章 奇正相符，虛實相生

【原文】

孫子曰：凡治眾如治寡，分數①是也；鬥眾如鬥寡，形名②是也；三軍之眾，可使必受敵而無敗者，奇正③是也；兵之所加，如以碫投卵者，虛實④是也。

【注釋】

①分數：分、數指軍隊之組織、編制。編制嚴密，人多少均同樣指揮。

②形名：指旌旗和金鼓。士卒望旌旗、聽金鼓而行動，人多少均不亂。

③奇正：常規與奇兵並用。

④虛實：有備為實，無備為虛。以實擊虛，如石擊卵。

【名家點評】

奇正相符，虛實相生。《吳子・論將》：「夫鼙鼓金鐸，所以威耳；旌旗麾幟，所以威目；禁令刑罰，所以威心。耳威於聲，不可不清；目威於色，不可不明；心威於刑，不可不嚴。三者不立，雖有其國，必敗於敵。」

【譯文】

治理大軍就像治理小部隊一樣有效，是依靠合理的組織、結構、編制；指揮大軍作戰就像指揮小部隊作戰一樣整齊不亂，是依靠明確、高效的信號指揮系統；整個部隊與敵對抗而不會失敗，是依靠正確運用「奇正」的變化；攻擊敵軍，如同用石頭砸雞蛋一樣容易，關鍵在於以實擊虛。

【延伸閱讀】

在這一章中孫子主要闡述了作戰過程中「奇正」的應用，所謂奇正，直接一點說就是：常規用兵與奇兵並用。

關於「奇正」思想，老子在《道德經》也有過敘述。老子說：「以正治國，以奇用兵」。（《道德經・五十七章》）所謂「正」是指社會所公認的正道，包括一整套行之有效的方針、路線、思想、政策、原則、措施。當然各家之正，分野極大。而「奇」則是巧妙、詭秘、隨機應變，沒有固定的程序。老子用兩個不同的字歸納、總結了治國與用兵這兩個不同領域的特點，應該說是十分精闢的。

孫子認為在戰略戰術中奇正的運用是非常重要的，「三軍之眾，可使必受敵而無敗者，奇正是也」。軍隊在戰爭中始終處於不敗的地位，是真正能明白「奇正」的奧妙，並且熟練運用的結果。

有關「奇正」，後人有過理論性的揭示，不外乎以下幾個方面的內容：正面迎敵為正，機動配合為奇；明為正，暗為奇；靜為正，動為奇；進為正，退為奇；先出為正，後出為奇……總之，一般的、常規的、普通的戰略、戰術為正，特殊的、變化的、罕見的戰略、戰術為奇。

在群雄輩出的三國時代，韜略家們都深諳此道，成功地運用了孫子的奇正原理。幾乎所有取勝的戰爭，都有靈活運用奇正的影子。曹操對抗黃巾軍就是一個鮮活的例子。

當年二十九歲的曹操只有五千名騎兵，他奉皇命鎮壓有十萬兵力的黃巾軍。等到曹操出兵鎮壓，其他各地的黃巾軍已經在朝廷的圍剿下，散得差不多了，唯有青州軍不但沒有減弱兵力，而且在壯大。

曹操知道憑自己的兵力正面作戰是很難取勝的。於是他採取輕騎部隊側面夾擊的辦法，給予青州軍以沉重的打擊。青州軍一面抵抗，一面寫信和曹操談判。信中說，曹操在早年的時候曾經搗毀漢朝的祠堂，他的目的和黃巾軍一樣啊！不如加入黃巾軍，共同反抗東漢政權。曹操是不會和黃巾軍聯合的，於是他下令繼續痛擊絕不手軟，一面將計就計誘降青州軍，並承諾給予青州軍將士們優厚的待遇。就這樣且打且談，收復了十萬青州軍，曹操也兌現了承諾給予青州軍的特殊待遇。後來曹操的隊伍發展壯大，青州軍被編為中軍，負責曹操的宿衛，在曹操後來的重大戰役中產生了不可估量的作用。

這支原本聲勢浩大的農民軍被曹操以奇正策略收復旗下，為曹魏政權的霸權之爭立下了汗馬功勞。

在現實生活中，「正」可以視為遵循常規辦事，不越禮不出格，「奇」可以看做突破常規，發揮創造性。這兩方面需要相互調和，不能走極端。如果太正，終生按規矩辦事，永遠不能脫穎而出。反之如果一點規矩不講，隨心所欲地去創造，則可能會走許多彎路，畢竟前人留下的一些常規有時是經驗之談。

第二章 出奇而致勝

【原文】

凡戰者，以正合①，以奇勝。故善出奇者，無窮如天地②，不竭如江河。終而復始，日月是也；死而更生，四時是也③。聲不過五④，五聲之變，不可勝聽也⑤。色不過五⑥，五色之變，不可勝觀也。味不過五⑦，五味之變，不可勝嘗也。戰勢不過奇正，奇正之變，不可勝窮也。奇正相生⑧，如環之無端，孰能窮之？

【注釋】

①以正合：以正面作戰。

②無窮如天地：指以奇取勝，可變化無窮。

③四時是也：指四時更替。

④聲不過五：五聲為宮、商、角、徵、羽。

⑤不可勝聽也：聽之不盡。

⑥色不過五：五色為青、黃、赤、白、黑。

⑦味不過五：五味為酸、鹹、辛、苦、甘。

⑧奇正相生：奇正會相互轉化。

【譯文】

大凡作戰，都是以軍隊作正面交戰，而用奇兵去出奇致勝。善於運用奇兵的人，其戰法的變化就像天地運行一樣無窮無盡，像江海一樣永不枯竭。像日月運行一樣，終而復始；與四季更迭一樣，去而復來。宮、商、角、徵、羽不過五音，然而五音的組合變化，永遠也聽不完；赤、黃、青、白、黑不過五色，但五種色調的組合變化，永遠

【名家點評】

凡戰者，以正合，以奇勝。

《尉繚子．勒卒令》：「夫蚤決先敵，若計不先定，慮不蚤決，則進退不定，疑生必敗。故正兵貴先，奇兵貴後，或先或後，制敵者也。世將不知法者，專命而行，先擊而勇，無不敗者也。」

看不完；酸、甘、苦、辣、鹹不過五味，而五種味道的組合變化，永遠也嚐不完。戰爭中軍事實力的運用不過「奇」、「正」兩種，而「奇」、「正」的組合變化，永遠無窮無盡。奇正相生，相互轉化，就好比圓環旋繞，無始無終，誰能窮盡呢！

【延伸閱讀】

在上一章中，孫子論述了奇正的存在以及奇正對於勝利的重要性，在接下來的這一章孫子論述的是奇正的關係。「奇」「正」雖然只有兩種形態，但是可以無窮地組合，生出無窮的形態，歷代大小戰役的用兵之道皆在其中。

「正」是名義上的、規規矩矩的，「奇」是打破常規的、不同於一般意義的。「奇」「正」之間不是一成不變的，它們是相互轉換的關係，「奇」可以化為「正」，「正」可以化為「奇」。兩者可重疊，可分散，可以相互包含，也可以互不相干。兩者最終的狀態是一個環，彼此生生不息，無始無終，不能窮盡。

「奇」「正」的關係不僅是世代兵家參不盡的禪，也是具有道家思想的哲學思辨，含義深厚。

美國著名作家歐・亨利的小說裡就講述了這樣一個關於奇蹟的故事，故事的名字叫《最後一片葉子》。

蘇和瓊西是兩個熱愛藝術的女孩，她們在華盛頓廣場西邊的一個社區裡合租了一個頂樓做畫室。十一月的時候，瓊西感染了肺炎。她躺在一張油漆過的鐵床上，一動也不動，凝望著小小的荷蘭式玻璃窗外對面磚房的空牆。

一天早晨，醫生把蘇叫到外邊的走廊上，告訴她瓊西治癒的希望很渺茫，因為她自己完全沒抱有生的希望。醫生希望蘇能幫助瓊西找到可以支持她活下去的心願。

醫生走後，蘇走進工作室，看到瓊西側身躺著，臉朝著窗口，被子底下的身體紋絲不動。

她架好畫板，開始給雜誌裡的故事畫插圖。忽然聽到一個重複了好幾次的低微的聲音，她快步走到床邊。

瓊西的眼睛睜得很大，她望著窗外，數著數。

「十二，」她數道，歇了一會兒說，「十一，」然後是「十」和「九」，接著幾乎同時數著「八」和「七」。

蘇看了看窗外，那兒有什麼可數的呢？只見一棵老極了的常青藤，枯萎的根糾結在一塊，枝幹攀在磚牆的半腰上。秋天的寒風把藤上的葉子差不多全都吹掉了，只有幾乎光禿的枝條還纏附在剝落的磚塊上。

「什麼呀，親愛的？」蘇問道。

「六，」瓊西幾乎用耳語低聲說道，「它們現在越落越快了，三天前還有差不多一百片，我數得頭都疼了。但是現在好數多了，又掉了一片，只剩下五片了。」

「五片什麼呀！親愛的？告訴我吧！」

「葉子。常青藤上的。等到最後一片葉子掉下來，我也就該去了。這件事我三天前就知道了，難道醫生沒有告訴你嗎？我想在天黑以前等著看那最後一片葉子掉下去。然後我也要去了。」

蘇想盡辦法，不讓重病的瓊西再望向窗外常青藤的葉子。

「你睡一會兒吧！」蘇說道，「我得下樓把貝爾門叫上來，我一會兒就回來了，不要動，等我回來。」

貝爾門是個失敗的畫家，他年過六十，有一把像米開朗基羅的摩西雕像那樣的大鬍子，幾年來，他除了偶爾畫點商業廣告之類的玩意兒以外，什麼也沒有畫過。

蘇在樓下那間光線暗淡的畫室裡找到了酒氣撲鼻的貝爾門，把瓊西的胡思亂想告訴了他，還說她害怕瓊西瘦小柔弱得像一片葉子一樣，恐怕真的要離世飄走了。

第二天早晨，蘇只睡了一個小時的覺，醒來後她看見瓊西無神的眼睛睜得大大的注視著拉下的綠窗簾。

「把窗簾拉起來，我要看看。」她低聲命令道。

蘇疲倦地照辦了。

然而，經過一夜的風吹雨打，在磚牆上還掛著一片藤葉。它是常青藤上最後的一片葉子。靠近莖部處仍然是深綠色，可是鋸齒形的葉子邊緣已經枯萎發黃，它傲然掛在一根離地二十多英尺的藤枝上。

「這是最後一片葉子，」瓊西說道，「我以為它昨晚一定會落掉的。我聽見風聲今天它一定會落掉，我也會死的。」

白天總算過去了，甚至在暮色中她們還能看見那片孤零零的藤葉仍緊緊地依附在靠牆的枝上。後來，夜的到來帶來了呼嘯的北風，雨點不停地拍打著窗子，雨水從低垂的荷蘭式屋簷上流瀉下來。

天剛剛濛濛亮，瓊西就要求蘇拉起窗簾來。

那片藤葉仍然在那裡。

瓊西躺著對它看了許久，說：「蘇，我希望有一天能去畫那不勒斯的波灣。」

醫生來了，他說瓊西已經脫離了危險，但是有一個叫貝爾門的老畫家得了肺炎，病倒了，而且因為年齡的原因沒有治好的希望了。

門房發現貝爾門時，他在樓下自己那間房裡痛得動彈不了，他的鞋子和衣服全都濕透了，冰涼冰涼的。他們弄不清楚在那個淒風苦雨的夜晚，他究竟到哪兒去了。後來他們發現了一盞沒有熄滅的燈籠，一把挪動過地方的梯子，幾支扔得滿地的畫筆，還有一塊調色板，上面塗抹著綠色和黃色的顏料。不久蘇跑到瓊西的病床前告訴她，貝爾門先生在醫院裡患肺炎去世了。「親愛的，瞧瞧窗子外面，瞧瞧牆上最後一片藤葉。難道你沒有想過，為什麼風刮得那麼厲害，它卻從來不搖動呢？唉，親愛的，這片葉子才是貝爾門的傑作——就是最後一片葉子掉下來的晚上，他把它畫在那裡的。」

病重的瓊西因為一片畫上去的葉子而堅定了活下去的信念，最終她也依靠這股力量，延續了自己的生命之火。

所以說世間沒有什麼事是不可能的，只要你能堅定地相信明天，相信奇蹟，那麼你就把握住了人生戰場上的「奇」「正」了。

第三章　勢如彍弩，節如發機

【原文】

激水之疾，至於漂石者，勢也；鷙鳥①之疾，至於毀折者，節②也。是故善戰者，其勢險，其節短。勢如彍弩③，節如發機④。

【注釋】

①鷙鳥：兇猛的鳥。

②節：節奏，指在短距離以俯衝之勢殺傷獵物。

③彍（ㄎㄨㄛˋ）弩：張滿弩機。彍，同「擴」。

④發機：觸發扳機。

【名家點評】

激水之疾，至於漂石者，勢也。

《孟子．告子篇上》：「今夫水，搏而躍之，可使過顙；激而行之，可使在山。是豈水之性哉？其勢則然也。」

【譯文】

湍急的流水之所以能沖走巨石，是因為有使它產生巨大衝擊力的勢能；猛禽搏擊雀鳥，一舉可置對手於死地，是因為牠節奏迅速。所以善於作戰的指揮者，他所造成的態勢是險峻的，進攻的節奏是短促有力的。「勢險」就如同滿弓待發的弩那樣蓄勢，「節短」正如觸發弩機那樣突然。

【延伸閱讀】

「故善戰者，其勢險，其節短。」在這一章中，孫子在氣勢和節奏上給予了指導——善戰者所造成的態勢應該是險峻的，像滿弓待發的弩那樣充滿緊張的張力，他所指揮的戰事節奏應該是短促有力的，勁短的節奏應該像瞬間觸發的弩機那樣突然。

西元1789年法國爆發大革命，它如同暴風驟雨，為整個法蘭西大地帶來了一場非同一般的洗禮，封建罪惡風雨飄搖、搖搖欲墜。但是它進行得並不是很徹底，在國內還保留封建君主。在巨大的社會變革面前心有不甘的國王路易十六世偷偷向普魯士、奧地利、俄羅斯和西班牙的封建君主們發出了求救信號。兔死狐悲，這些封建專制的衛道士紛紛伸出援手。

當時，法國人民的愛國熱情被激發，就像是海上醞釀多時的風暴，猛烈爆發。應徵入伍的公民們不畏生死，毅然奔赴前線。當時法國著名的革命家丹東發表了著名演說，他說：「大家所聽到的並不是告急的炮聲，而是向國家的敵人發起衝鋒的號角。要想戰勝敵人，我們必須勇敢，勇敢，再勇敢！只有這樣，法國才能得救。」

西元1792年九月二十日，著名的瓦爾密戰役從清晨開始便開戰了。布勞恩斯魏克沒有把法軍放在眼裡，一心以最快的速度攻佔巴黎的通路。因此，他率先發起攻擊。上午十一時，聯軍發起總攻。

就在這時，為首的克勒曼喊出了「國民萬歲」的口令。一時間陣地上的法國士兵同聲高喊「國民萬歲」，如同驚雷一般震動了敵軍，也震動了陣地上每一位法國青年志願者，激發了他們拚死一戰的決心。他們向著敵人的方向猛撲過去，揮舞著兵器殺向敵軍，敵軍被對方的氣勢鎮住了，一向傲氣的他們突然膽顫心驚，緊接著，陣地前面的肉搏戰展開了，法軍愈戰愈勇，步步緊逼，聯軍節節敗退。接下來經過一連十幾天的作戰和對峙，法國士兵大獲全勝，聯軍全線撤退，最後完全退出法國境內。

第四章　紛紛紜紜，鬥亂而不可亂

【原文】

紛紛紜紜，鬥亂①而不可亂也；渾渾沌沌，形圓而不可敗②也。亂生於治，怯生於勇，弱生於強。治亂，數也③；勇怯，勢也④；強弱，形也⑤。

【注釋】

①鬥亂：於紛亂狀態中指揮戰鬥。

②形圓而不可敗：圓陣不見首尾，擾而不亂，就不會失敗。

③治亂，數也：治、亂視乎組織編制是否健全。

④勇怯，勢也：勇、怯視乎是否得勢。

⑤強弱，形也：強、弱則視乎實力。

【名家點評】

亂生於治，怯生於勇，弱生於強。

《韓非子》：「桀為天子，能制天下，非賢也，勢重也……千鈞得船則浮，錙銖失船則沈，非千鈞輕錙銖重也，有勢之與無勢也。」

《潛夫論·浮侈》：「夫貧生於富，弱生於強，亂生於治，危生於安。」

【譯文】

旌旗紛紛，人馬紜紜，雙方混戰，戰場上事態萬端，但我方的指揮、組織、陣腳不能亂；混混沌沌，迷迷濛濛，兩軍攪作一團，但勝利在我方把握之中。雙方交戰，一方之亂，是因為對方治軍更嚴謹；一方怯懦，是因為對方更勇敢；一方弱小，是因為對方更強大。軍隊治理有序或者混亂，在於其組織編制；士兵勇敢或者膽怯，在於軍隊所營造的態勢和聲勢；軍力強大或者弱小，在於部隊日常訓練所造就的內在實力。

【延伸閱讀】

一旦戰事開始，雙方交戰，混亂蕪雜是必不可免的，在戰爭中領導者不可能知曉每一個士兵的動向。但是將領一定要在亂中掌握秩序，做到心中有數，就像一個圓陣，只要還能首尾相顧，陣勢就可以繼續發揮力量。

孫子在這一章中還談及軍隊治理有序或者混亂，在於其組織編制；士兵勇敢或者膽怯，在於部隊所營造的態勢和聲勢；軍隊強大或者弱小，在於部隊日常訓練所造就的實力。

一個善戰的人，一個在戰爭中經常勝利的人所具備的素質應該是：沉得住氣，胸有成竹。

如果說起歷史上以少勝多的戰役，淝水之戰絕對榜上有名，東晉僅僅以八萬精兵就打敗了前秦的百萬之師。

西元383年，前秦苻堅親率六十萬大軍攻打東晉建康，加上其他各路人馬，有八、九十萬，聲勢浩大。當時的前秦已經占領了北方大片土地，北方的少數民族也有很多臣服於它。前秦在淝水之戰前可謂國力富強，兵強馬壯。

於是苻堅決心統一江南，不惜傾巢出動，想要一舉拿下東晉。由於敵方來勢兇猛，東晉一片慌亂，當時的皇帝晉孝武帝司馬曜急召宰相謝安進宮商討禦敵大計。謝安從容啟奏道：「苻堅傾國出師，後方空虛，戰線過長，兵力分散，軍需糧草接應困難，內部又不團結。臣早將淮北流散之民遷往淮南，堅壁清野斷其供給，令其勢難立足。」經謝安舉薦，晉孝武帝任命謝安之弟謝石為征討大都督，謝安之侄謝玄為先鋒，率領經過八年訓練、有較強戰鬥力的北府兵八萬沿淮河西上，迎擊秦軍主力。

在雙方還未交戰之際，謝安沒有表現出一絲慌亂，他飲酒下棋，閉口不談戰事。謝玄來到帳中想請教一二，但謝安只淡淡地說到時候再說吧，就沒有下文了。謝玄不好再三追問，但又實在為了戰事寢食難安，於是再次同當時的大都督謝石前來詢問。

其實謝安對他們的來意心知肚明，卻閉口不談國家大事，他和

往常一樣，讓姬妾們準備食物，一行人遊山玩水，並在樹林裡擺下棋局與謝玄等輪流對弈。謝玄等看到謝安興致頗高，只得心不在焉地陪著下棋，卻因心中有事一個個都敗下陣來。

謝玄等人看到謝安如此，反倒心安起來，他們只當謝安已經胸有成竹，回去後也鎮定地各司其職，練兵防禦。主帥不慌，上下也安定了軍心，嚴陣以待。

謝玄的八萬精兵與苻堅之弟苻融的大軍對峙淝水兩岸。謝玄派使者去見苻融，用激將法對他說：「君懸軍深入，而置陣逼水，此乃持久之計，非欲速戰者也。若移陣少卻，使晉兵得渡，以決勝負，不亦善乎？」但苻堅認為可以將計就計，讓軍隊稍向後退，待晉軍半渡過河時，再以騎兵衝殺取得勝利。苻融表示贊同，於是就答應了謝玄的要求，指揮秦軍後撤。但秦兵一後撤就失去控制，陣勢大亂。謝玄率領八千多騎兵，趁勢搶渡淝水，向秦軍猛攻。先被前秦擄獲，並未真心投降的要將朱序則在秦軍陣後大叫：「秦兵敗矣！秦兵敗矣！」秦兵信以為真，轉身奔逃，苻融一看，催馬向前，本想穩住陣腳，沒想到卻控制不住局勢，被亂軍衝倒。沒了主帥的秦軍更加潰敗，後續部隊不明就裡，也引起了恐慌，全部大軍向北敗退。苻堅在亂軍中受傷，風聲鶴唳，狼狽逃回洛陽。

晉軍打敗秦軍，收復壽陽，捷報飛馬傳到了建康，當時謝安正在與客人下棋，隨手把捷報放在旁邊，不露聲色地繼續下棋。客人知是前方陣地的消息，就問謝安是何事。謝安慢吞吞地說：「小兒輩已破賊。」

謝安是東晉的宰相，有著泰山崩於前而色不變的定力，確實不是一般人所能及。喜怒形於色、淺薄而焦躁的人是做不成大事的，**所以我們一定要沉澱自己的內心，做到凡事心中有數，不自亂陣腳，才能在人馬紛紜的人生戰場上揮灑自如。**

那麼怎樣才能沉得住氣，做到凡事心中有數呢？

要學會控制自己的情緒，在事發之後不要過於急躁地表態。要知道許多事情的發生並不像表面看到的那樣簡單，它的發展過程也是你所不清楚的，不妨想想可能導致發生這種情況的誘因，同時參考一下別人的態度。

學會分析。雖說看到表象不可能就知道內在的脈絡，但凡事都有規律可循，有的則有經驗作參考。你需要綜合考量，冷靜分析。

從不同的角度看問題。橫看成嶺側成峰，每一個問題從不同的角度去看就會得出不同的結論。事情都是有利有弊的，我們不能只看到好的方面，對自己有利的方面，而忽略了可能造成的負面影響。同樣不能只沉溺於某一事件對自己造成的傷害有多深，而應該汲取教訓，奮發圖強。

學會寬容，每個人都是不同的個體，有自己的生長背景和處理事情的方式。人際交往中衝突在所難免，要學會不計較，更要學會忘記。在心裡放對不起你的人一條生路，不讓他做自己情緒的絆腳石，人生自然也將海闊天空。

第五章 以利動之，以卒待之

【原文】

故善動敵者，形之，敵必從之①；予之，敵必取之②。以利動之，以卒待之③。

【注釋】

①形之，敵必從之：以偽裝誘敵，使其中計。

②予之，敵必取之：小利誘敵，使其上鉤。

③以卒待之：伏兵待敵。

【譯文】

善於誤導敵軍的人，向敵軍展露一些或真或假的軍情，敵軍必然據此判斷而跟從；給予敵軍一點實際利益作為誘餌，敵軍必然趨利而來，從而受其引誘。一方面用這些辦法誘導敵軍，另一方面要嚴陣以待。

【延伸閱讀】

一場戰爭在正面廝殺之前，要調查敵軍各方面的情況，後再根據調查結果制訂作戰方針。當然調查不是單方面的，是互相的。在敵方調查我軍的時候，我軍就可以運用策略，將計就計。

孫子在這一章中教導領兵者要善於誤導敵軍的兵士，左右他們的判斷，把他們可以調查到的我方軍情真真假假地呈現在他們眼前，甚至有的時候為了大局可以先讓他們嘗點甜頭，從而使我方軍隊掌握主動權。在運用這些策略的同時也別忘了，對方也有可能在設計我方，所以我方軍隊要做好隨

【名家點評】

以利動之，以卒待之。李靖曰：「故形之者，以奇示敵，非吾正也；勝之者，以正擊敵，非吾奇也。此謂奇正相變。兵伏者，不止山谷草木伏藏，所以為伏也；其正如山，其奇如雷，敵雖對面，莫測吾奇正之所在。至此，夫何形之有焉？」

時打仗的準備，也就是所謂的嚴陣以待。

在春秋戰國時期，群雄爭霸，各諸侯國之間為爭寸土，兵戎相見。而國家內部為了權位，也會處心積慮，伺機而動，有時兄弟之間也會上演「以利動之，以卒待之」的戲碼。

鄭國的一個國君鄭武公娶了一個申國的妻子，名叫武姜。武姜生了兩個兒子，大兒子即是鄭莊公，鄭莊公在出生的時候，武姜因難產幾乎喪命，因此很討厭他，為他取名「寤生」，就是倒著出生的意思。武姜偏愛小兒子共叔段，曾多次向鄭武公提出請求立共叔段為世子，鄭武公都沒有答應。

等到鄭莊公即位掌權的時候，武姜又提出把制邑分封給共叔段。鄭武公說：「制邑是個險要的地方，以前虢叔就死在那裡。這個地方不行，其他的任何地方都可以。」武姜又替共叔段請求封在京邑，鄭武公答應了她，讓共叔段住在了那裡，稱為京城太叔。

共叔段到了封地之後，招兵買馬構築城牆。消息傳到京城，大夫祭仲說：「分封的都城如果城牆超過三百丈長，會成為國家的禍害。先王的制度規定，國內最大的城邑不能超過國都的三分之一，中等的不得超過五分之一，小的不能超過九分之一。現在京邑的城牆不符合法制，您的利益會受到損害。」莊公說：「姜氏想要這樣，我如何躲開這種禍害呢？」祭仲回答說：「姜氏哪有滿足的時候！不如及早處置，別讓禍根滋長蔓延，一滋長蔓延就難辦了。蔓延開來的野草還很難剷除乾淨，何況是您那受到寵愛的弟弟呢？」莊公說：「多做不義的事情，必定會災禍及身，你姑且等待。」

過了不久，共叔段使原來屬於鄭國西邊和北邊的邊邑既屬於鄭，又歸為自己，成為兩屬之地。公子呂說：「國家不能有兩個國君，現在您打算怎麼辦？如果打算把鄭國交給共叔段，那麼我請求去服侍他；如果不給，那麼就請除掉他，不要使百姓們產生疑慮。」莊公說：「不用管他，他自己會遭到災禍的。」共叔段又把兩處地方改為自己統轄的地方，一直擴展到廩延。公子呂說：「可以行動了！土地擴大了，他將得到老百姓的擁護。」莊公說：「對君主不義，對兄長不親，土地雖然擴大了，他最終會失敗的。」

共叔段修整了城郭，準備好了充足的糧食，修繕盔甲兵器，準備好了步兵和戰車，將要偷襲鄭國都。武姜準備為共叔段打開城門做內應。莊公知道了共叔段偷襲鄭的日期，說：「可以出擊了！」於是命令子封率領二百輛戰車去討伐京邑，京邑的人民背叛共叔段，共叔段於是逃到鄢城。莊公又追到鄢城討伐他，後來共叔段逃到共國。

從上面的描述不難看出，把共叔段趕出鄭國其實是鄭莊公的目的。他對共叔段的預謀早有察覺，共叔段的行動一直在他的掌握之中。他先「以利動之」，對共叔段的要求一一滿足，在他做的不合法制的時候也不加以制止，但在暗裡卻以卒待之，做好了全面懲罰共叔段的準備，最後把共叔段趕出了鄭國，達到了自己的目的。

我們在做事過程中也要注意對未來可能遇到的挑戰要做好準備，對自身行動中的疏失可能導致的損失加以防範，嚴陣以待，防患於未然。

有一個年輕人新建了一所房子，他的房子建得很高大，設計也頗花了心思。窗戶高大而明亮，院子整齊而潔淨，在村子裡引起了小小的轟動。有一個老翁在看了他的廚房之後，發現他廚房的煙囪是直的，而裝修剩下的一堆木料也堆積在廚房的灶台邊上。於是老翁對這個年輕人說：「你的房子雖然建得好，但是廚房設計得有點問題。煙囪應該建成曲的而不是直的，另外廚房的那堆木料應該搬走。」年輕人對老翁的話不以為然。

不久，一天夜裡，年輕人廚房的木料燃上了火星而起火了，那天風很大，在發現的時候火勢已經很大了。年輕人手忙腳亂，幸好聞訊趕來的鄉鄰們有的提水，有的潑水，有的則拿著衣服之類的東西在火苗上撲打。最終在眾鄉親的共同努力下滅了火，年輕人清點了一下，還好損失不是很大。

年輕人在收拾好殘局後，烹牛宰羊，端上好酒，宴請大家，感激鄉鄰們的熱情幫助，但是並沒有請那位曾經提醒過他的老翁。席間，一位鄉鄰說他應該請那位老翁的，若是聽老翁話，今天的損失完全可以避免，年輕人恍然大悟，趕緊請了那位老翁上坐。

小小的疏失就有可能造成熊熊大火，燒掉多日辛勞的成果。如果年輕人在建房的時候，不是一味追求好看和在鄉鄰中的名聲，而是注重實用性，並且在別人提出有關改進疏失的建議時能夠重視，嚴陣以待，就能防患火災於未然。

第六章 擇人而任勢

【原文】

故善戰者，求之於勢，不責於人，故能擇人而任勢①。任勢者，其戰人②也，如轉木石；木石之性：安則靜，危則動，方則止，圓則行。故善戰人之勢，如轉圓石於千仞之山者，勢也。

【注釋】

①擇人而任勢：選擇人才去利用和創造有利的態勢。

②戰人：指揮士兵作戰。

【名家點評】

故善戰者，求之於勢，不責於人，故能擇人而任勢。

《韓非子・難三》：「凡明主之治國也，任其勢。勢不可害，則雖強天下，無奈何也。」

《長短經・反經》：「故曰：善者求之於勢，不責於人。」

【譯文】

因此，善於打仗的人總是努力創造有利的態勢，而不是苛求士兵，因而能選擇人才去利用和創造有利的態勢。善於利用態勢的將領指揮軍隊作戰就像轉動木頭和石頭。木石的特徵是處於平坦地勢上就靜止不動，處於陡峭的斜坡上就會滾動，方的容易靜止，圓的容易滾動。所以，善於指揮打仗的人所造就的「勢」，就像讓圓石從極高極陡的山上滾下來一樣，來勢兇猛，這就是所謂的「勢」。

【延伸閱讀】

戰爭是人與人的對峙，是人與人智慧和力量的拚鬥。《孫子兵法》中很大篇幅都在講戰爭中的「人」，一場戰爭的勝負，最主要取決於領兵者對士兵的組織和管理。

孫子在這一章中論述了「擇人而任勢」的原則。一個善於戰鬥的將領應該發現不同的人所具有的不同優勢，並加以利用，揚長避短，有效運用，構成不可戰勝的「勢」。

恰當運用一個人的長處甚至短處，都能為自己造成有利的「勢」。《三國演義》中諸葛亮智算華容道，就是成功運用了關羽的性格特點，放走曹操，成就三足鼎立之「勢」。

三國時期，孫劉聯手火燒赤壁，曹操大敗而歸。來到華容道附近，只見雜草叢生，到處是泥潭。於是曹操命令老弱病殘的士兵割草鋪路，在混亂之中，有的鋪路士兵來不及躲避，被亂馬踩踏而死。走出泥潭後，曹操突然大笑起來，說：「劉備不過如此，諸葛亮的計謀也不怎麼樣，如果他們在此處設下埋伏，我曹操一定命喪於此了。」他的話音剛落，趙子龍從後面帶了一隊人馬衝過來。曹操大驚失色，這時兩員大將徐晃、張郃衝出來奮力擋住趙子龍，曹操才得以逃脫。

最後到了華容道，華容道有兩條路，一是大路，還有一條小路。小路崎嶇狹窄，而且煙霧繚繞，曹操道：「諸葛亮以為我會走大路，所以故意在小路上放煙，今天我一定要走小路，不讓他的計謀得逞。」正在這時，勇猛無敵的關羽出現了，立馬橫刀在路上準備捉拿他。曹操下馬哀求，請關羽放他一條生路。當初關羽在與劉備失散時，曹操因為愛才，所以曾收留了關羽，並好生款待。關羽執意要走，去尋找劉備。曹操就答應關羽等他養好傷之後便放他走。關羽傷好離開之時，曹操手下的將士們不同意，背著曹操暗中攔截關羽，多虧曹操派御史前來，關羽才得以脫身。

重情重義的關羽對於欠下曹操的人情之事一直耿耿於懷，最後違背了諸葛亮的命令，放走了曹操。

諸葛亮雖然算準曹操敗走之後必經華容道，但還是派了關羽前往。關羽義釋曹操的情況，諸葛亮早就料到了，但這也正是他想要的結果。從歷史的角度看，曹操不死，與孫劉成三足鼎立之勢對蜀漢來說是最有利的。所以放走曹操是最好的選擇，而放走曹操最好的人選則是欠曹操人情但又重情重義的關羽。

在現實生活中，作為一個團隊的領導者應該秉承「擇人而任勢」的準則，在工作中耐心去發現和利用一個人的長處，盡量迴避一個人的短處。

有一個射擊隊想要挑選人才，於是舉辦了一次比賽。各市的代表隊都來參加，很多射擊人才聚集在一起。等到每個代表隊比完了之後，主教練都會把射手們的靶紙收集起來，一張一張地觀察、研究，從中分析每個人的射擊特點。這時他發現了一張很有意思的靶紙，這張靶紙在眾多的參賽者中成績並不是很理想，子彈幾乎都偏離了靶心。但是教練仔細看這張靶紙的時候，發現了一個細節，所有射偏了的子彈都集中在靶紙的右上方。這說明這個選手的穩定性非常好，而穩定性是射擊選手最重要的素質，射不中靶心有可能是因為他的技術動作不正確、不達標準，如果能夠糾正他技術上的錯誤而發揮他穩定性的特長，說不定這個人能夠在射擊上有出色的成績。於是破格錄取了他，他果然是一個射擊人才。所以沒有因為一個不是很理想的射擊成績而埋沒了一個人才。

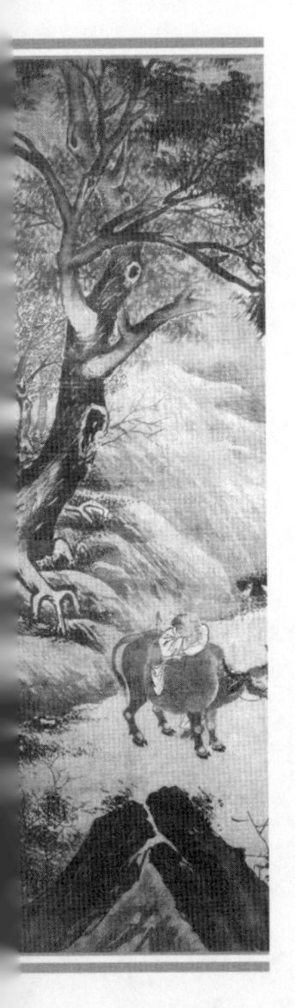

第六篇 虛實篇

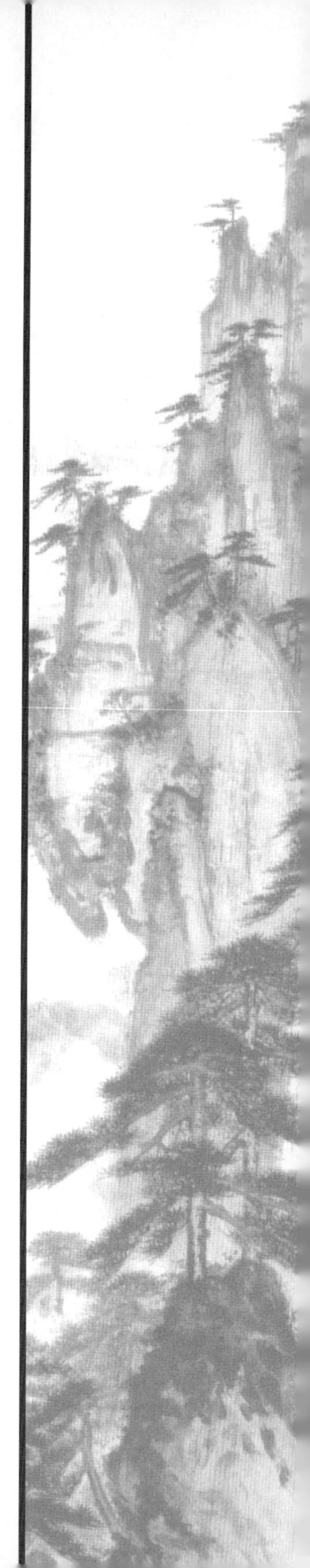

第一章 善戰者，致人而不致於人

【原文】

孫子曰：凡先處戰地而待敵者佚[①]，後處戰地而趨戰者勞[②]。故善戰者，致人而不致於人[③]。能使敵人自至者，利之也[④]；能使敵人不得至者，害之也[⑤]。故敵佚能勞之[⑥]，飽能饑之[⑦]，安能動之[⑧]。

【注釋】

①先處戰地而待敵者佚：處，占領。佚，即「逸」，指安逸、從容。

②後處戰地而趨戰者勞：趨，奔赴，這裡是倉促、猝然的意思。趨戰，倉促應戰。此句意為作戰中後佔據戰地倉促應戰，則疲勞被動。

③致人而不致於人：這句話的核心含義是爭取把握作戰中的主動權，是孫子戰略思想的精髓。致，招致、引來。致人，誘導敵人。致於人，為敵人所誘導。

④能使敵人自至者，利之也：利之，以利引誘。意為能使敵人自投羅網，乃是以利相引誘的緣故。

⑤能使敵人不得至者，害之也：害，妨礙、阻撓的意思。此言能使敵人不能到達戰地，乃是牽制敵人的結果。

⑥敵佚能勞之：能，此處是乃、就的意思。勞，疲勞，作動詞用。

⑦飽能饑之：饑，饑餓、饑困，作動詞用。

⑧安能動之：言敵人若安固守禦，就設法使他移動。

【名家點評】

善戰者，致人而不致於人。

杜牧云：「致，令敵來就我，我當蓄力待之，不就敵人，恐我勞也。」

《鬼谷子．中經》：「故道貴制人，不貴制於人也。制人者握權，制於人者失命。」

【譯文】

孫子說，大凡先期到達戰地等待敵軍的就精力充沛、主動安逸，而後到達戰地匆忙投入戰鬥的就被動勞累。所以，善於作戰的人能誘導敵人而絕不為敵人所誘導。能夠誘導敵人使之自動前來預期的戰地，是用利益來引誘；能使敵人不能先我來到戰場，是設置障礙、多方阻撓的結果。所以，敵人若行軍安逸，就使之疲勞；若敵人糧食充足，就使之匱乏；若敵人安然不動，就能使他不得不行動起來。

【延伸閱讀】

孫子主張先發制人，他主張在作戰前要「算」要「備」，即戰前要精心算好形勢，準備好物資。作戰中則要猛，要快，氣勢要足，信心要強。在本篇中，孫子秉承一貫的陽剛之法，告訴我們在即將交戰的戰場上善戰者應該先發制人，事事領先一步。

「凡先處戰地而待敵者佚，後處戰地而趨戰者勞。」意思是說大凡先期到達戰地等待敵軍的就精力充沛、主動安逸，而後到達戰地匆忙投入戰鬥的就被動勞累。而如果敵軍已經做好準備怎麼辦呢？孫子說：「能使敵人自至者，利之也；能使敵人不得至者，害之也。」能夠誘導敵人使之自動前來我預期的戰地，要用利益來引誘；要使敵人不能先我來到戰場，就要設置障礙，多方阻撓。

在先秦，許多有見識的軍事家都明白先發制人的道理，但有些迂腐的國君卻把戰爭同書本上的仁義道德混為一談，導致大敗。在泓水之戰中，宋襄公就是沒有聽從賢臣的意見，沒有先發制人，最後被楚軍大敗。

西元前638年，楚國和宋國為了擴張領土、爭霸中原而發生了戰爭。戰爭的起因是因為鄭國，國力稍遜的鄭國親近楚國，宋國為了間接消滅楚國的力量，出兵攻鄭，楚國發兵援鄭。雙方為了各自的利益在泓水邊開戰。

宋國率先在泓水邊上擺好了陣勢，士兵們都嚴陣以待，等著宋襄公下令進攻。但是國力強大的楚國只有一部分士兵渡過了泓水，還有大量的兵力留在河的對岸。此時擔任司馬的子魚向宋襄公建議說：「楚國的兵力強大，不如趁著他們還沒有完全渡過泓水的時候襲擊他們」。宋襄公猶豫了一下說：「不可以這麼做，這不仁義！」

幾天後，楚國的軍隊全部駕船渡過了泓水，但還很混亂，沒有擺好陣勢，沒有做好作戰的準備。這時子魚又建議說：「楚軍還沒有做好準備，我們應該及時出兵，打他個措手不及。」宋襄公仍然搖頭說：「不行。這不仁義！」等到楚軍擺好陣勢全力應戰的時候，宋襄公才下令進攻，結果被強大的楚軍打敗。宋襄公在戰爭中差一點喪命，他的護衛官全部被殺。

宋國戰敗，國人都埋怨宋襄公，宋襄公說：「有道德的人只要敵人負傷，就不再傷害他，也不俘虜頭髮斑白的敵人。古時候指揮戰鬥是不憑藉險要地勢的。我雖然是已經亡了國的商朝的後代，卻不去進攻沒有擺好陣勢的敵人。」

子魚說：「您不懂得作戰的道理，強大的敵人因地形不利而沒有擺好陣勢，那是老天在幫助我們。敵人在地形上受困而向他們發動進攻，不也可以嗎？還怕不能取勝！當前具有很強戰鬥力的人都是我們的敵人，即使是年紀很老的，能抓得到就該俘虜他，對於頭髮花白的人又有什麼值得憐惜的呢？使士兵明白什麼是恥辱來鼓舞鬥志，奮勇作戰，為的是消滅敵人。敵人受了傷，還沒有死，為什麼不能再去傷害他們呢？不忍心再去傷害他們，就等於沒有殺傷他們；憐憫年紀大的敵人，就等於屈服於敵人。

軍隊憑著有利的戰機去進行戰鬥，鳴金擊鼓是用來助長聲勢、鼓舞士氣的。既然軍隊作戰要抓住有利的戰機，那麼敵人處於困境時，正好可以進攻。既然聲勢壯大，充分鼓舞起士兵鬥志，那麼攻擊未列陣的敵人，當然是可以的。」

在泓水之戰中，宋國本來是以逸待勞，處於有利的形勢。如果設置阻礙，或率先出擊，那麼宋國勝利的把握很大。宋襄公就是沒有把握好先發制人的作戰道理，給自己的國家造成了不可估量的損失。

在看不見硝煙的商戰中，先發制人也會帶來新的商機，我們要提高警惕，以防受制於人，錯失良機。應利用合理合法的手段，先發制人，保護屬於我們自己的寶貴商機。

第二章 出其所不趨，趨其所不意

【原文】

出其所不趨①，趨其所不意②。行千里而不勞者，行於無人之地也③。攻而必取者，攻其所不守也④；守而必固者，守其所不攻也⑤。故善攻者，敵不知其所守；善守者，敵不知其所攻⑥。微乎微乎，至於無形⑦；神乎神乎，至於無聲⑧；故能為敵之司命⑨。

【注釋】

①出其所不趨：意為出兵要指向敵人無法救援的地方，即擊其空虛。不，在此處當做「無法」、「無從」之意解。

②趨其所不意：指兵鋒要指向敵人不曾預料之處。

③行千里而不勞者，行於無人之地也：進軍千里而不疲憊，是因為走在敵軍無人抵抗或無力抵抗的地區，如入無人之境。

④攻而必取者，攻其所不守也：言我方出擊而必能取勝，乃由於出擊的是敵人戒備鬆懈、無從防守之處。

⑤守而必固者，守其所不攻也：言我方防守而必能穩固，乃由於所防守的是敵人無法攻取的地方。

⑥「故善攻者」至「敵不知其所攻」句：梅堯臣注：「善攻者，機密不泄；善守者，周備不隙。」王皙注：「善攻者，待敵有可勝之隙，速而攻之，則使其不能守也。善守者，常為不可勝，則使其不能攻也。」皆為精審。

⑦微乎微乎，至於無形：微，微妙、高明的意思。楊倞注：「微妙，精盡也。」此句謂虛實運用微妙到極致，則無形可睹。

⑧神乎神乎，至於無聲：神，神奇、神妙、不可思議。《易‧繫辭》：「陰陽不測之謂神。」此言虛實運用神奇之至，則無聲息可聞。

⑨故能為敵之司命：司命，命運的主宰者。《管子‧國蓄》：「五穀食米，民之司命也。」

【譯文】

通過敵人不設防的地區進軍，在敵人預料不到的時間進攻敵人預料不到的地點。進軍千里而不疲憊，是因為走在敵軍無人抵抗或無力抵抗的地區，如入無人之境。我方進攻就一定會獲勝，是因為攻擊的是敵人疏於防守的地方。我方防守能夠穩固，是因為守住了敵人無法攻取的地方。所以善於進攻的，能做到使敵方不知道在哪防守，不知道怎樣防守。而善於防守的，能使敵人不知道從哪進攻，不知怎樣進攻。深奧啊，精妙啊，竟然見不到一點形跡；神奇啊，玄妙啊，居然不漏出一點消息，所以能成為敵人命運的主宰。

【名家點評】

出其所不趨，趨其所不意。

《孫臏兵法‧威王問》：「必攻不守，兵之急者也」。

【延伸閱讀】

「出其所不趨，趨其所不意。」意思是說出兵的時候，進攻敵軍防守薄弱的地方，在敵人意想不到的時間攻擊敵人意想不到的地方能夠取得勝利。

隋建立後，雄踞北方的突厥和中原的關係更加惡化。西元579年沙缽略可汗成為突厥大可汗，可汗的妻子是北周的和親公主。楊堅代周後，常常想著伺機報仇，沙缽略也乘機對群下說：「我是周家的親戚，如今隋公取代周氏自立，我若不去制止，有什麼面目去見我的妻子呢？」

隋文帝楊堅即位的第一年（西元581年），佔據營州的高寶寧與沙缽略起兵反隋，合軍攻陷了山海關，並與諸部合謀南下。楊堅為防突厥南下，派人修築長城，增加邊防人員，命大將陰壽鎮幽州，沁源公虞慶則鎮並州，屯兵數萬，防備突厥南下。

隋文帝開皇二年（西元582年），突厥大舉南下，連連獲勝，先後占領了武威、金城、天水、安定、弘化、延安、上都等地。一時間舉國震驚！隋朝名將楊爽率軍迎敵，探子探到沙缽略軍隊的大致位置，但敵軍的數量三、四倍於己，楊爽召諸將共商退敵之計。總管李充對楊爽說：「突厥人習慣突然發動襲擊，像驟風暴雨一樣的取勝，必然會很輕視我方，對我們沒有什麼防備。如果我們出其不意地以精兵突然襲擊，可能會擊敗他們。」大家都覺得李充的這個計畫無異於以卵擊石，如果失敗，隋軍在戰鬥力和士氣方面都會大大受損。長史李徹認為李充的辦法可行，請求一同前往。楊爽考慮再三，同意了此次作戰計畫，並積極派兵接應。

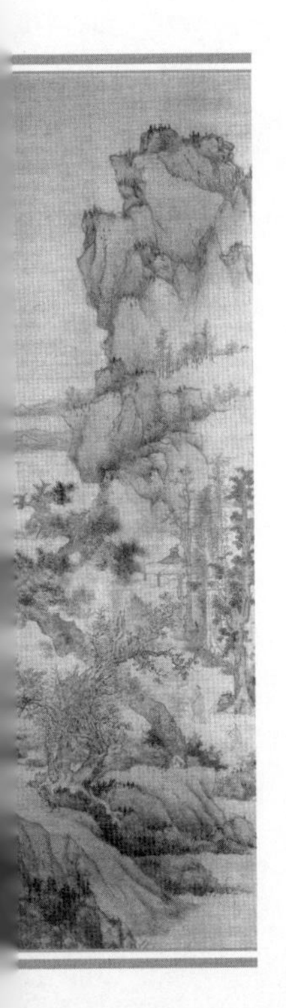

李充和李徹帶著五千人馬趁著夜色的掩護，悄悄地接近敵軍。李充一聲令下，頓時無數火把被點燃，扔到了突厥的軍營。一時間突厥營帳內火光沖天，人聲鼎沸，喊聲一片，突厥軍大亂。

沙缽略披上衣服到外面一看，前面已亂成一團，火光四起，他拿了一把劍試圖穩住大局，但根本阻擋不住士兵的潰逃。隋軍越來越近了，沙缽略也不敢再耽擱了，提著一把兵器，連身上的金甲也沒有穿就逃到營帳外的草叢中。

沙缽略組織殘軍試圖反擊，但大營被楊爽軍占領，軍中沒有一粒糧食。和楊爽軍的戰鬥也是屢戰屢敗。沙缽略的士兵們最後甚至將死去的馬骨磨成粉當成糧食，加上疫情傳播，死者不計其數。

這場戰爭以楊爽軍的勝利和沙缽略軍失敗而告終，而李充的奇襲無疑對這場戰爭的勝利產生了關鍵作用。

第三章　進而不可禦者，衝其虛也

【原文】

進而不可禦者，衝其虛也①；退而不可追者，速而不可及也。故我欲戰，敵雖高壘深溝，不得不與我戰者，攻其所必救②也；我不欲戰，畫地而守之③，敵不得與我戰者，乖其所之也④。

【注釋】

①進而不可禦者，衝其虛也：禦，抵禦。衝，攻擊、襲擊。虛，虛懈薄弱之處。進攻時，敵人無法抵禦，那是攻擊了敵人兵力空虛的地方。

②必救：必定救援之處，喻指利害攸關之地。

③畫地而守之：畫，指畫出界限。指在地上隨便劃出一條界線即可防守而不必築壘設防，比喻防守非常容易。

④乖其所之也：乖，違背、背離，此處是改變、誘導的意思。之，往、去。意為誘導敵人，將其引往他處。

【譯文】

進攻時，敵人無法抵禦，那是攻擊了敵人兵力空虛的地方；撤退時，敵人無法追擊，那是行動迅速敵人無法追上。所以我軍要交戰，敵人就算築高牆挖深溝，也不得不出來與我軍交戰，因為我軍攻擊了他非救不可的要害之地；我軍不想與敵軍交戰，雖然只是在地上畫出界限權作防守，敵人也無法與我軍交戰，原因是我已設法改變了敵軍進攻的方向。

【名家點評】

敵雖高壘深溝，不得不與我戰者，攻其所必救也。

張預注：「敵人雖有金城湯池之固，不得守其險而必來與我戰者，在攻其所顧愛，使之相救援也。」

【延伸閱讀】

「進而不可禦者，衝其虛也。」是說進攻時敵人無法抵禦，那是因為攻擊了敵人兵力空虛的地方。

在戰場上，勝利是唯一的目的。兵不厭詐是每個軍事家都明白的道理，如果在作戰中一味講求做「正義之師」，無論強弱一律正面迎戰，得到的將是慘痛的教訓。在作戰中要取得勝利，就要避實就虛，攻擊敵人防守薄弱的地方，才能有獲勝的機會。攻打的時候速度還要快。如果沒有發現敵人薄弱環節的時候，要引誘敵人露出破綻。

第四章　形人而我無形，則我專而敵分

【原文】

故形人而我無形①，則我專而敵分②。我專為一，敵分為十，是以十攻其一也③，則我眾而敵寡；能以眾擊寡者，則吾之所與戰者，約矣④。吾所與戰之地不可知⑤，不可知，則敵所備者多；敵所備者多，則吾所與戰者，寡矣。故備前則後寡，備後則前寡；備左則右寡，備右則左寡。無所不備，則無所不寡⑥。寡者，備人者也⑦；眾者，使人備己者也⑧。

【注釋】

①故形人而我無形：形人，使敵人顯現形跡。形，此處作動詞，顯露的意思。我無形，即我方無形跡，「形」在此處為名詞。意為使敵人顯露實情而我方卻能隱蔽真情。

②我專而敵分：專，專一、集中，此處指集中兵力。分，分散兵力。

③是以十攻其一也：我方在局部上對敵擁有以十擊一的絕對優勢。

④吾之所與戰者，約矣：梅堯臣注：「以專擊分，則我所敵少也。」約：少、寡的意思。杜牧注：「約，猶少也。」

⑤吾所與戰之地不可知：敵方無從知曉我方準備與敵作戰的地點。所與戰之地，指準備與敵交戰的地點。

⑥無所不備，則無所不寡：倘若不分主次平均分配兵力，處處設防，必然是處處兵力寡弱，陷入被動。

⑦寡者，備人者也：敵方兵力之所以相對薄弱，在於分兵備敵。

⑧眾者，使人備己者也：我方兵力之所以佔有相對優勢，是因為迫使敵人分兵備戰。

【名家點評】

形人而我無形，則我專而敵分。

梅堯臣曰：「他人有形，我形不見，故敵分兵以備戰。」

【譯文】

所以，使敵軍處於曝露狀態而我軍處於隱蔽狀態，這樣我軍兵力就可以集中而敵軍兵力就不得不分散。（如果敵我總兵力相當），我集中兵力於一處，而敵人分散為十處，我就是以十對一。這樣，（在局部戰場上）就出現我眾敵寡的態勢，在這種態勢下，與我軍發生戰爭的敵方士兵就大大減少。敵軍不知道我軍所預定的戰場在哪裡，就會處處分兵防備，防備的地方越多，能夠與我軍在特定的地點直接交戰的敵軍就越少。所以防備前面，則後面兵力不足，防備後面，則前面兵力不足，防備左方，則右方兵力不足，防備右方，則左方兵力不足，所有的地方都防備，則所有的地方都兵力不足。兵力不足，全是因為分兵防禦敵人；兵力充足，是由於迫使敵人分兵防禦我軍。

【延伸閱讀】

透過孫子的這段文字我們不難看出，兩軍之間無論在兵力、實力上有多大的懸殊，這種差距都是相對的，也是可以發生變化的，關鍵要看用兵者如何更加有效地指揮自己現有的兵力。

「我專為一，敵分為十，是以十攻其一也，則我眾而敵寡。」這句話很好地詮釋了孫子在用兵方面的絕妙之處。孫子講如果我方把自己的實力隱藏起來，那麼對方就很難了解我方的具體實力，這樣一來他們就不得不分散更多的兵力來對我軍進行全方面的偵查，而在這時如果我方出其不意，以全部兵力襲擊對方一部分兵力，那麼對方肯定會大敗。

確實如此，兩軍在作戰之時最怕摸不清對方的狀況，戰爭不是兒戲，而是血淋淋的現實。在戰爭中一個很小的失誤就可能導致很多人白白流血犧牲，所以孫子在用兵方面非常講究虛實、技巧、時機和部署，只有在形勢絕對有利於我方時才果斷出擊，一招制敵。三國時期的諸葛亮在用兵方面可以說有和孫子近似的智慧。

諸葛亮剛剛隨劉備出山時，劉備正依附於他的遠房宗親劉表，坐守小城新野，兵寡糧少。而劉備當時的敵人曹操卻兵強馬壯。為了剷除劉備的勢力，曹操曾派猛將夏侯惇等人率領重兵前去與之交戰。

面對如此強大的對手，諸葛亮沒有恐慌，而是很正確地分析了一下兩軍的實力，然後透過連連詐敗，讓曹軍誤認為劉備的兵力實在是小得不足以與之交鋒。夏侯惇為此也更加看不起劉備，認為他只是一個坐守小縣的鼠輩而已，既沒有充足的人丁來訓練成軍隊，也沒有足夠的糧草來供給士兵們守衛，所以自認為擒獲劉備簡直像探囊取物一般容易。所以他不顧荀彧和徐庶的警告，在曹操面前立下軍令狀，說要生擒劉備和諸葛亮。

諸葛亮在一再「敗北」之後，識破夏侯惇輕敵的態度，透過研究新野城周圍的地勢、地貌，定下了誘敵之計。

夏侯惇與于禁等人帶領軍隊與劉備軍對決，遙望劉備軍，兵陣相當差勁，於是驅馬迎戰，劉備軍敗北而逃，僅留趙雲斷後。經過幾個回合，趙雲假裝不敵，一路急逃。夏侯惇帶大隊曹軍像驅趕羊群一樣在後面追趕，好不快意。

這時，韓浩跑出來提醒夏侯惇，趙雲一路敗逃好像是在誘敵，前面可能會有埋伏。夏侯惇雖有遲疑，但是一想劉軍兵力如此之弱，便不屑一顧地繼續追殺。

不久，劉軍果然有一夥早已埋伏好的人衝殺了出來，不過他們的實力太弱了，並沒有對曹軍造成多大殺傷力。這樣夏侯惇就更

沒有顧慮了，一路追殺，發誓要活捉劉備和諸葛亮，死咬著劉軍不放。

很快劉軍敗逃到博望坡，此時天色已黑，道路已經看不清楚，而且當時曹軍所在的一段路剛好又特別狹窄，兩邊雜草叢生。曹將李典感覺大勢不妙，急勸夏侯惇回頭，但是為時已晚。突然間四面八方盡皆是火，又值風大，火勢愈猛。曹軍人馬自相踐踏，死者不計其數。趙雲又殺了一個回馬槍，夏侯惇冒火突圍，他所帶領的士兵被殺得屍橫遍野，血流成河。

在這場戰爭中，諸葛亮一再戰敗，有效地掩飾了自己軍隊的實力，讓夏侯惇判斷失誤，然後在最有利於自己軍隊進攻的時機和地點，向曹軍發起強勢進攻，最終取得全勝。由此可見在對抗性的戰爭中學會隱藏實力，分散敵軍注意力，混淆敵方視聽，對於自身取勝來講非常有效。

在現實生活中，**雖然我們所處的時代是一個和平的時代，但是在職場、商場和官場中一樣充滿看不到的硝煙，要想在這些場合順利發展，我們也要深入地學習並實踐孫子這種「故形人而我無形，則我專而敵分」的智慧。**如果不知隱蔽鋒芒，只會把自己的優、缺點一再展示給他人，從而給人機會找到打敗我們的時機和切入點，失去把握自己人生的主動權。

第五章　勝可為也，敵雖眾，可使無鬥

【原文】

故知戰之地，知戰之日，則可千里而會戰①。不知戰地，不知戰日，則左不能救右，右不能救左，前不能救後，後不能救前，而況遠者數十里，近者數里乎②？以吾度之③，越人之兵雖多④，亦奚益於勝敗哉⑤？故曰：勝可為也⑥，敵雖眾，可使無鬥⑦。

【注釋】

①故知戰之地，知戰之日，則可千里而會戰：如能預先掌握戰場的地形條件與交戰時間，則可以行軍千里與敵人交戰。

②「不知戰地」至「近者數里乎」句：不能預知與敵人交戰的地點，又不能預知交戰的時間，倉促遇敵，就會左軍不能救右軍，右軍不能救左軍，前軍不能救後軍，後軍不能救前軍，何況遠的相距數十里，近的也有好幾里呢？

③以吾度之：度，估計、推測的意思。《詩經・小雅・巧言》：「他人有心，予忖度之。」成語有「審時度勢」。

④越人之兵雖多：越人之兵，越國的軍隊。春秋時期，晉、楚長期爭霸，晉拉攏吳以牽制楚國，楚則如法炮製，利用越來抗衡吳國，吳、越之間多年征戰不已，兩國遂為世仇。孫子為吳王論兵法，自然要以越國為吳的主要假想作戰對象。

⑤亦奚益於勝敗哉：奚，豈、哪能夠。益，說明。於，對於。

⑥勝可為也：為，造成、創造、爭取的意思。勝可為，言勝利可以積極造就。〈形篇〉言：「勝可知而不可為」，是就客觀規律性立論，指勝利可以預見，但卻不可憑主觀願望強求，而必須具備一定的客觀物質基礎。此處言「勝可為」，乃是就主觀能動性立論，是說當具備一定的客觀條件時，只要將帥充分發揮主觀能動性，就能贏得勝利。兩者之間並無矛盾。

⑦敵雖眾，可使無鬥：敵人雖多，但只要掌握主動權，就能夠使他們無法同我方較量。

【名家點評】

勝可為也，敵雖眾，可使無鬥。

孟氏曰：「敵雖多兵，我能多設變詐，分其形勢，使不能並力也。」

【譯文】

所以，既預知與敵人交戰的地點，又預知交戰的時間，即使行軍千里也可以與敵人交戰。不能預知與敵人交戰的地點，又不能預知交戰的時間，倉促遇敵，就會左軍不能救右軍，右軍不能救左軍，前軍不能救後軍，後軍不能救前軍，何況遠的相距數十里，近的也有好幾里呢？依我對吳國所作的分析，越國雖然兵多，但對他的勝利又有什麼幫助呢？所以說勝利是可以創造的，敵人雖然兵多，卻可以使他無法同我較量。

【延伸閱讀】

《孫子兵法》中充滿了自信，在每一次準備好的戰役裡都是可以取得勝利的，哪怕敵多我寡。孫子說：「勝可為也，敵雖眾，可使無鬥。」意思是說：勝利是可以創造的，敵人雖然兵多，卻可以使敵人無法同我較量。

那麼創造勝利的條件是什麼呢？孫子強調：「故知戰之地，知戰之日，則可千里而會戰。不知戰地，不知戰日，則左不能救右，右不能救左，前不能救後，後不能救前。」

如果提前能預知到與敵軍交戰的地點和時間，那麼即使是千里行軍也可以從容地與敵人戰鬥，如果不能預知這些，倉促應戰，就會左軍救不了右軍，右軍顧不了左軍，前軍救不了後軍，後軍顧不了前軍。更何況離著幾里乃至幾十里地呢？那更是不要想了。所以布兵行軍都不要打無準備之仗，從容應戰，勝算就大，倉促應戰，大部分情況下會兵敗。

隋朝末年，李世民領兵五萬攻打洛陽王世充，王世充孤城奮戰，彈盡糧絕，於是向竇建德求救。竇建德一是怕唐軍降服了王世充後，馬上威脅自己的割據勢力，一是希望先聯合王世充對抗唐軍，再伺機滅王世充，和唐軍再爭天下。於是他率兵十萬向西挺進，一路上收復失地，來到虎牢的東面。

李世民的部將認為，唐軍長期頓兵堅城，已疲憊不堪。而竇建德的部隊士氣正旺，所以不宜作戰，應退守新安（今河南）。李世民則認為一旦撤兵，竇建德與王世充的軍隊會合，將糧草無憂，聲勢復振，戰事將拖延無日。於是他力排眾議，繼續圍困洛陽，同時親率精銳部隊阻擊竇建德的軍隊於虎牢，虎牢地勢險要，竇建德激戰數月不能前進半步，將士思歸。

李世民察覺這個情況後，先讓一小部分軍隊正面迎敵，誘敵出動，竇軍果然上當，傾巢而出，被李世民潛伏的精銳部隊從後包抄，竇軍大亂。李世民乘勝追擊，活捉竇建德，斬首敵軍三千人，俘虜一萬多人。王世充見大勢已去，率眾投降，至此唐朝統一大業基本完成。

在此次戰役中，李世民在腹背受敵的情況下，充分了解兩方敵人的情況，在兵力與敵軍相差懸殊的情況下，巧妙用兵，為自己創造了勝利，打贏了唐朝統一戰爭中重要的一仗。竇建德的軍隊人多勢眾，士氣正旺，一些將領卻收受王世充的賄賂，帶有私心，在作戰中沒有全力以赴，失敗是必然的。

在生活中，遭遇挫折面對困難是必然的。沒有人會一帆風順，人生就是要解決一個又一個的麻煩。

人生中的挑戰如戰場上的敵人，當你覺得挑戰大過自己的實力時不要放棄。《孫子兵法》告訴我們，哪怕敵人的實力比我大，我也能創造勝利。只要看清楚挑戰的來源，分析它的內在規律，做好充足的準備，定能一舉攻克難關。

第六章　戰勝不復，而應形於無窮

【原文】

故策之而知得失之計①，作之而知動靜之理②，形之而知死生之地③，角之而知有餘不足之處④。故形兵之極，至於無形⑤；無形，則深間不能窺，智者不能謀⑥。因形而錯勝於眾⑦，眾不能知。人皆知我所以勝之形⑧，而莫知吾所以致勝之形⑨。故其戰勝不復⑩，而應形於無窮⑪。

【注釋】

①策之而知得失之計：策，用籌策計算。得失之計，敵計之優劣得失。

②作之而知動靜之理：作，興起，這裡是挑動的意思。動靜之理，指敵人的活動規律。此處言我方挑動敵人藉以了解其活動的一般規律。

③形之而知死生之地：形之，以偽形示敵。死生之地，指敵人的優勢所在或薄弱致命的環節。

④角之而知有餘不足之處：透過試探性進攻可以探明敵方兵力佈置的強弱多寡。

⑤故形兵之極，至於無形：形兵，指部署過程中的偽裝佯動。句意為我方示形佯動臻於完善，則形跡俱無。

⑥深間不能窺，智者不能謀：間，間諜。深間，指隱藏極深的間諜。窺，刺探、窺視。示形佯動達到最高境界，則敵方隱藏極深的間諜也無從摸測底細，聰明的敵人也束手無策。

⑦因形而錯勝於眾：因，由、透過、依靠。因形，根據敵情而靈活應變。錯，同「措」，放置、安置的意思。

⑧人皆知我所以勝之形：人們只見到我克敵制勝的方法。形，形態，此處指作戰的方式方法。

⑨而莫知吾所以致勝之形：眾人無從得悉如何克敵制勝的內在奧妙與規律。致勝之形，取勝的奧妙、規律。

⑩故其戰勝不復：復，重複。取勝的方法不重複，指作戰方法隨機制宜，靈活機動，不拘一格。

⑪應形於無窮：應，適應。形，形狀、形態，此處特指敵情。

【名家點評】

戰勝不復，而應形於無窮。

杜牧注：「敵每有形，我則始能隨而應之以取勝。」

【譯文】

透過仔細分析可以判斷敵人作戰計畫的優劣得失，透過挑動敵人可以了解敵方的活動規律，透過「示形」可以弄清地形是否對敵有利，透過試探性進攻可以探明敵方兵力佈置的強弱多寡。所以，示形誘敵的方法運用得極其巧妙時，一點破綻也沒有。到這種境地，即使隱藏再深的間諜也不能探明我方的虛實，智慧高超的敵手也想不出對付我方的辦法。根據敵情採取致勝的策略，即使擺在眾人面前，眾人也理解不了。人們都知道我克敵致勝的方法，卻不能知道我是怎樣運用這些方法致勝的。所以戰勝敵人的戰略戰術每次都是不一樣的，應適應敵情靈活運用。

【延伸閱讀】

「故其戰勝不復，而應形於無窮。」意思是說我克敵致勝的方法是不重複的，應適應敵情靈活運用。需要注意的是這裡的「不重複」不僅是指對自己曾經取得過勝利的戰略戰術不重複，同時別人成功的案例我們也不能完全複製，這是因為每一次的戰役都不可能一模一樣。即使整個戰局有相似之處，細節也不一定相同，如果把握不好，就會失敗。

在以少勝多的井陘之戰中，名將韓信採用奇兵突襲、背水而戰等策略大敗趙軍，創造了用兵史上的神話。這是韓信根據實際情況巧妙運用兵法的結果，後來不少人效仿卻造成了悲劇。

三國時期的徐晃仿效兵法，背水列陣，非但沒有因此激發出士氣取得勝利，反而使自己退無可退，大敗而歸。

趙雲用空營計騙退並擊敗曹軍以後，曹操惱羞成怒，他不甘心自己的失敗，又命令徐晃為先鋒、王平為副將，帶兵至漢水與蜀軍決戰。

當徐晃、王平領軍來到漢水岸邊，徐晃命令前軍渡水列陣。王平勸阻道：「軍若渡水，倘要急退，如之奈何？」徐晃說：「昔韓信背水為陣，所謂置之死地而後生也。」王平堅決反對這種做法：「昔者韓信料敵無謀而用此計，今將軍能料趙雲、黃忠之意否？」

徐晃固執己見，吩咐王平領步軍拒敵，他自己引馬領軍進攻。於是，魏軍搭起了浮橋，渡過漢水迎戰蜀軍。徐晃背水列陣後，從早晨就開始挑戰，直到黃昏，蜀軍一直按兵不動。待到魏軍人馬疲乏，正要向回撤退之時，黃忠、趙雲突然從兩側殺出，左右夾攻。魏軍大敗，兵士紛紛被逼入漢水，死亡無數。

井陘之戰因奇妙運用兵法被後世研究者神化，人們被表面的陣法所迷惑，只注重背水一戰中置之於死地而後生的奇特。

戰後，諸將迷惑不解，問信：「兵法右倍山陵，前左水澤，今者將軍令臣等反背水陳，曰破趙會食，臣等不服。然竟以勝，此何術也？」信曰：「此在兵法，顧諸君不察耳。兵法不曰：『陷之死地而後生，置之亡地而後存』？且信非得素拊循士大夫也，此所謂驅市人而戰之，其勢非置之死地，使人人自為戰；今我之生地，皆走，寧尚可得而用之乎！」

韓信說出了此戰中最讓人迷惑不解的地方，但是他的勝利遠遠不止這些因素。

首先，韓信知己知彼，能夠熟知對方的情況而布下應對策略。其次，韓信並不僅僅背水一戰，他還安排了奇兵突襲敵軍空虛的大營。

所以在戰爭中不是單單運用一個之前成功的理論謀略就能取勝的，關鍵是要把握戰爭的節奏，深入了解敵我雙方的情況。根據敵情靈活採取策略。

由於清政府長期實行閉關鎖國政策，地大物博的中國落後於其他國家。帝國主義列強想把中國變成他們的殖民地，中國的仁人志士們開始思考探求出路。

西元1898年，以康有為、梁啟超、譚嗣同、嚴復等人為首的維新派在光緒帝的支持下推行革新。維新派人物想按照西方國家的模式，推行政治、經濟改革，爭取國家富強。

光緒帝接受了維新派改革方案，於西元1898年六月十一日頒布「明定國是詔」，宣布變法維新，在一百零三天裡頒布數十條維新詔令。

新政主要內容為倡辦新式企業、獎勵發明創造；設鐵路、礦務總局，修築鐵路，開採礦產；廢除八股，改試策論，開設學校，提倡西學；裁汰冗員，削減舊軍，重練海陸軍等。

九月二十一日，慈禧太后發動政變，囚禁光緒帝，逮捕維新派。康有為、梁啟超逃亡國外，譚嗣同不肯逃亡，他表示「為革命流血請從譚嗣同開始」，最後與康廣仁、林旭、劉光第、楊銳、楊深秀等「六君子」一起被殺害。除了開設西方學校以外，其他新政都廢除，「百日維新」失敗。

戊戌變法是一場救亡圖存的政治變革，又是一次思想啟蒙運動，它有利於社會的進步。但是戊戌變法的失敗說明，完全複製西方的改革道路不適合於當時半殖民地半封建社會的中國，擁有幾千年文化的中國，封建主義根深柢固。變法失敗後，越來越多的人認為，要救中國必須進行革命，推翻清朝統治。

在生活或職場中別人的經驗之談可以拿來借鑑，但是不能單純地去模仿，必須要有自己的創新，才能有出路，才能走得更高更遠。

第七章　五行無常勝，四時無常位

【原文】

夫兵形像水①，水之形，避高而趨下②，兵之形，避實而擊虛③。水因地而制流，兵因敵而致勝④。故兵無常勢，水無常形⑤，能因敵變化而取勝者，謂之神⑥。故五行無常勝⑦，四時無常位⑧，日有短長，月有死生⑨。

【注釋】

①兵形像水：用兵的規律如同水的運動規律一樣。兵形，用兵打仗的方式方法，也可以理解為用兵的一般規律。

②水之形，避高而趨下：水之形，水的活動形態。此句言水的活動趨向是避開高處流向低窪之地。

③兵之形，避實而擊虛：用兵的原則是避開敵人堅實之處，攻擊其空虛薄弱且又關鍵的地方。

④水因地而制流，兵因敵而致勝：制，制約、決定。致勝，制服敵人以取勝。此句意為水之流向受地形高低不同的制約，作戰中的取勝方法則依據敵情不同來決定。

⑤兵無常勢，水無常形：此句言用兵打仗無固定刻板的態勢或模式，猶如流水一樣，並無一成不變的形態。勢，態勢。形，一成不變的形態。

⑥能因敵變化而取勝者，謂之神：意為若能依據敵情變化而靈活處置以取勝，則可視之為用兵如神。

⑦五行無常勝：意為金、木、水、火、土「五行」相生相剋無定數。

⑧四時無常位：言春、夏、秋、冬四季推移變換永無

止息。四時，指春、夏、秋、冬四季。常位，固定不變的位置。

⑨日有短長，月有死生：意為白晝因季節變化而有長有短，月亮因循環往覆而有盈虧晦望。日，白晝。死生，月亮循環往復之「生」和「死」，通指月亮運轉時盈虧晦明之變化。

【名家點評】

五行無常勝，四時無常位。

杜佑曰：「五行更王，四時迭用。」

【譯文】

用兵的一般規律就像水一樣，水流動時是避開高處流向低處，用兵取勝的關鍵是避開設防嚴密、實力強大的敵人而攻擊其薄弱環節。水根據地勢來決定流向，軍隊根據敵情來採取致勝的方略。所以用兵作戰沒有一成不變的態勢，正如流水沒有固定的形狀和去向。能夠根據敵情的變化而取勝的，就叫做用兵如神。金、木、水、火、土這五行相生相剋，沒有哪一個常勝。四季相繼相代，沒有哪一個固定不移，白天的時間有長有短，月亮有圓也有缺。

【延伸閱讀】

「五行無常勝，四時無常位」的意思是說金、木、水、火、土這五行相生相剋，沒有哪一個常勝，也就是說沒有哪一個會一直佔有主導地位，而春夏秋冬四季相互輪換，沒有哪一個季節會固定不移。孫子借用這個比喻告訴我們在戰爭中沒有什麼是一成不變的，敵我雙方無論是主觀還是客觀的形態都在不停地發生變化，能夠根據敵情的變化而變化，直至取得勝利，才叫作用兵如神。

在我國的西漢時期，北方的匈奴逐漸強大，不斷地騷擾漢朝的邊境，當時被人稱為飛將軍的李廣是當時的上郡太守，經常阻擊匈奴的侵犯，威名在外。

有一次，皇帝派遣的宦官到上郡辦完差後，看邊境美景誘人，忍不住帶了兩個人去打獵，興致正濃的時候，遭到了三個匈奴兵的襲擊。宦官受了傷，狼狽地逃回大營。在自己的管轄之下，皇帝的人居然遭了伏擊，李廣大怒，隨即帶了一百名騎兵追了上去，一直追了幾十里地，才看見這三個匈奴士兵，李廣殺了兩名，活捉了一名，正準備返回大營，突然發現有數千名匈奴騎兵正向這邊開來。匈奴兵也發現了李廣，但不知道是什麼情況，所以暫時還沒有妄動。

李廣帶來的士兵們非常恐慌。李廣沉著地對士兵們說：「現在我們只有百餘人，離大營有幾十里地，如果現在我們上馬逃回大營，一定會遭到追擊。如果我們表現得鎮定自如，敵人就不敢貿然來犯，現在沒有退路，往前進。」於是李廣帶領著這隊騎兵繼續向敵人的方向進發，約距匈奴軍二里地的地方停下來，士兵們都放下武器，卸下盔甲，躺在草地上看馬兒吃草。匈奴兵一看，覺得蹊蹺，認為可能有大部隊在後面伏擊，就派了一個士兵偷偷前來查看，被李廣看到，一箭射殺。敵人看到這個陣勢，更不敢上前。等到天黑以後，李廣的兵馬仍然沒有動靜，匈奴軍隊看到李廣一副胸有成竹的表情，斷定周圍一定有大隊的伏軍，於是就慌慌張張地逃走了，李廣和他的百餘騎兵有驚無險地回到了漢軍大營。

李廣將軍在毫無防備的情況下，帶領的小隊人馬與數千名敵軍狹路相逢，如果正面發生衝突，必敗無疑，此時能夠自保就是最大的勝利。如果倉惶逃竄，後果不堪設想，李廣隨機應變，以鬆懈的姿態迷惑敵軍，使匈奴兵不敢貿然行動，最後順利地全身而退。

這樣的行動沒有過人的膽識是辦不到的，李廣在遭遇突發情況後能順勢用兵，無招勝有招，保全了自身，可以稱得上用兵如神。

第七篇 軍爭篇

第一章　以迂為直，以患為利

【原文】

孫子曰：凡用兵之法：將受命於君，合軍聚眾，交和而舍①，莫難於軍爭。軍爭之難者，以迂為直②，以患為利③。故迂其途，而誘之以利，後人發，先人至④，此知迂直之計者也。

【注釋】

①交和而舍：和，指和門，即軍門；舍，駐紮。意為兩軍對壘。

②以迂為直：變迂曲為近直。

③以患為利：化患害為有利。

④後人發，先人至：比敵人晚出發，先到達。

【名家點評】

以迂為直，以患為利。《莊子．說劍》：「莊子曰：『夫為劍者，示之以虛，開之以利；後之以發，先之以至。願得試之。』」

【譯文】

孫子說：用兵的原則是將領接受君命，從召集軍隊、安營紮寨到開赴戰場與敵對峙，沒有比率先爭得致勝的條件更難的事了。「軍爭」中最困難的地方就在於以迂迴進軍的方式實現更快到達預定戰場的目的，把看似不利的條件變為有利的條件。所以，由於我迂迴前進，又對敵誘之以利，使敵不知我意欲何去，因而出發雖後，卻能先於敵人到達戰地。能這麼做就是知道迂直之計的人。

【延伸閱讀】

「以迂為直，以患為利」的意思是說以迂迴的方式行軍，卻能夠實現更快到達預定戰場的目的，把看似不利的條件變為有利的條件，以取得勝利。**《孫子兵法》提倡快速、效率，但是「快」不代表激進，而是要快中求穩，穩中求勝。**在這一章中，孫子講了除勇猛進攻之外，另一種形式的戰術，即在「迂中求直，變患為利」。

如果說先發制人是致勝的關鍵，那麼搶先占領有利的形勢。就是重中之重。但戰事中變數很多，如果你處於不利的情況下，又怎樣能比別人快呢？孫子在這一章中就闡述了這個問題，「故迂其途而誘之以利，後人發，先人至，此知迂直之計者也」。我軍迂迴前進，用各種手段誘惑敵人，使敵人弄不清楚我軍的真正意圖和行軍的方向。這樣出發時可能落在了敵人的後邊，但是卻能先一步到達目的地。如果領兵者能熟練地這麼做，那麼就是真正了解迂直之計了。

北宋名將曹瑋在鎮守邊關的時候，經常和吐蕃人交戰。有一次，他帶領的宋軍又和吐蕃軍隊打了起來。吐蕃人不是對手，被曹瑋打敗，丟盔棄甲驚慌地逃跑了。

曹瑋怕是詐敗，觀察了一下，發現敵軍確實已經逃遠了，就命士兵驅趕著繳獲的一群牛羊往回走。羊群拖拖拉拉，走得很慢，不知不覺中和大部隊拉開了距離。於是就有一個部下很擔憂地說：「牛羊對我們來說沒有多大的用處，而且耽誤我們行軍的速度，不如捨棄牠們，整頓好隊伍趕緊回去吧？」曹瑋聽後不動聲色，只是不斷地派人偵查敵軍的動態。

吐蕃軍隊狼狽地跑出了幾十里，領兵的聽說曹瑋捨不得那群牛羊，以致隊伍散亂，認為是一個戰勝曹瑋的好機會，他命士兵們掉頭行軍，一路奔襲，準備襲擊。曹瑋聽到這個情況後，就更加緩慢地行軍。到了一個十分有利於作戰的地形處，曹瑋命令隊伍停下來，列陣等待敵軍。吐蕃軍很快就到了附近。曹瑋的使者對吐蕃將領說：「你們的軍隊大老遠的奔襲過來，一定很疲憊。我們宋軍是正義的軍隊，不想乘人之危，就讓你們休息一下，等一會兒我們再決一死戰吧。」吐蕃軍隊正疲憊不堪，聽到消息非常高興。吐蕃將領就讓自己的軍隊休息了好一會兒。曹瑋隨後派人對敵軍說：「那我們就開戰吧！」於是雙方擂響戰鼓，戰士們奮勇廝殺。吐蕃軍隊被打得落花流水，曹瑋大勝，這次他丟棄了牛羊，沒有再帶回去。

回去之後，曹瑋才對他的部下說：「我知道敵軍已經疲憊不堪了，我驅趕牛羊是為了讓他們以為我貪圖小便宜，引誘他們上當，讓他們再次追來。但是如果我馬上和他們交戰，他們會裹挾著一股剛剛奔襲而來的銳氣，拚死廝殺，這樣一來勝負就難說了。走得久的人如果休息一下，腳就會麻痹，站立不穩，銳氣也會損失殆盡。我們趁這個機會攻打他，一定能夠取得勝利。」

曹瑋在打敗敵軍之後沒有採取乘勝追擊的辦法，而是誘惑敵軍調轉回頭。在敵軍折返回來的時候，曹瑋又利用遠行之人小憩腳痹的特點，避開了敵軍的銳氣，為自己的勝利贏得了有利戰機。而敵軍一步步走向失敗的圈套，還以為得了利益而沾沾自喜。曹瑋成功運用了誘敵以利、迂中取直的方法，取得了勝利。

走了彎路，卻先一步取得成功，把看似不利於自己的處境變成了自己事業騰飛的墊腳石。**在現代商戰中，許多商家也成功運用了迂迴戰術，搶佔了商機，贏得了市場。**

在現實生活中，面對突如其來的挫折，或者屢戰屢敗的時候，只要我們不氣餒，調整思路，以迂為直，奮勇前進，以患為利，定能走出困境，打開一片新天地。

安徒生以童話故事享譽世界，在他很小的時候父親就去世了，家裡失去了經濟來源，靠母親為別人洗衣服維生。冬天的河水冰涼刺骨，母親總是以喝兩口酒禦寒，因此被人恥笑為酒鬼，深深理解母親的安徒生在成名後曾寫過一篇故事諷刺這些人。

安徒生十一歲的時候就進入工廠當學徒，身材矮小的他做不了很多工作，好在他有個好嗓子，在休息的時候經常唱歌給工人們聽。一次，一個老工人說了一句：「這麼好的嗓子為什麼不去做演員？」這句話提醒了安徒生。安徒生非常喜歡唱歌和表演，他幻想著有一天能夠登上舞台去表演。

十四歲的安徒生帶著夢想來到了哥本哈根，在一家劇院做配角，他希望有一天能夠唱歌劇，但是一場大病摧毀了他的聲音。後來，他又去跳芭蕾，但是不久身材矮小的他就發現在芭蕾方面他根本沒有天賦。

就在窮途末路的時候，他發現了文學的魅力，開始進行文學創作。經過自己不懈的努力和好心人的幫助，安徒生上了一所拉丁文學校。1829年，安徒生編寫的喜劇《在尼古拉耶夫塔上的愛情》公演，觀眾好評如潮，聽著他們經久不息的掌聲，安徒生熱淚盈眶，他知道自己成功了。從1835年開始，安徒生開始創作童話，連續創作了四十三年。他的童話受到了全世界人民的喜愛。

安徒生沒有高貴的出身，他只有矮小的身材和不出眾的外貌，以及貧困的生活。安徒生沒有在這些困境中沉淪，他變患為利，敢想敢做。他的追求也不是一帆風順的，在發現自己不適合演戲和跳芭蕾後，他迂迴作戰，選擇了文學，繼續追求自己喜歡的文藝，直至獲得了成功。

試想一下，如果在憂患的生活中安徒生放棄了夢想的追尋會怎麼樣呢？在他發現自己不適合跳芭蕾卻堅持到底又會是怎樣的結果呢？所幸安徒生以迂迴的方式獲得了在藝術上的勝利。

所以我們在面對困難和挑戰的時候要懂得迂迴之術。

第二章 軍爭為利，軍爭為危

【原文】

故軍爭為①利，軍爭為危。舉軍而爭利，則不及；委軍②而爭利，則輜重捐③。是故卷甲④而趨，日夜不處，倍道兼行，百里而爭利，則擒三軍將⑤，勁者先，疲者後⑥，其法十一而至⑦。五十里而爭利，則蹶上將軍⑧，其法半至。三十里而爭利，則三分之二至。是故軍無輜重則亡，無糧食則亡，無委積⑨則亡。

【注釋】

①為：有。全句的意思是軍爭有利亦有險。

②委軍：丟棄軍隊的物資裝備。

③捐：損失。

④卷甲：即披著甲。

⑤則擒三軍將：結果上中下三軍將領均為敵俘。

⑥疲者後：疲弱者掉隊。

⑦十一而至：只有十分之一的士卒能到達。

⑧蹶上將軍：先行將領會受挫。

⑨委積：物資儲備。

【名家點評】

軍爭為利，軍爭為危。曹操曰：「善者則以利，不善者則以危。」

【譯文】

「軍爭」為了有利，但「軍爭」也有危險。帶著全部輜重去爭利，就會影響行軍速度，不能先敵到達戰地；丟下輜重輕裝去爭利，輜重就會損失。披著鎧甲急進，白天黑夜不休息地急行軍，奔跑百里去爭利，則三軍的將領有可能會被擄獲。健壯的士兵能夠先到戰場，疲憊的士兵必然落後，只有十分之一的人馬如期到達。強行軍五十里去爭利，先行部隊的主將必然受挫，而軍士一般僅有一半如期到達。強行軍三十里去爭利，一般只有三分之二的人馬如期到達。部隊沒有輜重就不能生存，沒有糧食供應就不能生存，沒有戰備物資儲備就無以生存。

【延伸閱讀】

孫子認為「軍爭為利，軍爭為危」，大軍爭奪致勝的條件是有利的也是有危險的。哪方軍隊能獲得先機，哪一方獲勝的機會就大，但是在爭奪的過程中是要承擔風險的，是有可能付出代價的。這之中到底會有什麼樣的情況發生，孫子在這一章中就這一問題主要論述了因「輜重」的不同處理和路程的遠近而出現的一些情況。

「舉軍而爭利則不及，委軍而爭利則輜重捐。」意思是說，如果帶著全部的輜重去爭取先機，就會行動遲緩趕不上，如果不帶輜重輕裝上陣，輜重就會有損失，而在作戰的過程中，部隊沒有輜重、糧草、戰備物資都是不能生存的。

謹慎對待作戰物資，才能占得先機，否則血本無歸。在我們的現實生活中，也應該處理好我們的生活物資。如果我們對物質生活過於看重，就無異於帶著沉重的包袱上路，其結果必然會拖累前進的腳步；如果只是一味不契合實際的清高，連基本的生活都維持不了，那麼他也是一個失敗的人。

我國著名的教育學家、儒家思想的代表人物孔子，據說有三千弟子。其中七十二人取得了成就，在當時和後世都非常有名氣。而其中有一個叫顏回的弟子，是孔子最得意的門生之一。

顏回，字子淵，所以也叫顏淵。他的一舉一動都讓孔子覺得很符合心意，孔子常常以他的品行作為教育其他學生的尺規。

有一次，孔子對學生們說：「賢哉，回也！一簞食，一瓢飲，在陋巷，人不堪其憂，回也不改其樂。賢哉，回也！」

意思是說：顏回，真賢者啊！他住在荒僻的巷道裡，過著極其艱苦的生活。他乘飯用的器皿是竹子做的簞，舀水用的器具是木頭做的瓢。這要是落在別人頭上，則是不堪忍受的了，但是顏回始終感到滿足、快樂。顏回確實是個十分賢德的人啊！

對於顏回的做法，孔子是非常讚賞的。孔安國評價說：「這是一種「安於貧而樂於道」的精神。

顏回是孔子的得意門生，在當時也有一定的名聲。但是他能夠簞食瓢飲，身居陋巷而不以為憂，這是大儒的表現。物質是為人的幸福生活服務的，我們切勿本末倒置，成了物質和金錢的奴隸。更不能為了追求它們而荒廢自己寶貴的時間，傷害身邊的人。

縱觀中國歷史，有多少皇帝是因為驕奢淫逸、大興土木而亡了國。秦始皇為了享受，建造阿房宮，搜刮民財，妄用民力。人民怨聲載道，以致忍無可忍，揭竿而起。當了沒幾天皇帝的隋煬帝，更是過分，他為了享樂，下令南巡。因為是冬季，河裡都結了冰，他就命人把豪華的大船拖著走，從京城一路拖到江南。他還命沿途的百姓做好了飯菜在岸上捧著等他，讓百姓們用綢緞裹樹。隋煬帝置國事於不顧，一路勞民傷財。李淵父子救民於水火，起兵反隋，建立了唐朝。

李世民是一位明君，他吸取前朝教訓，勤政愛民，而且善於聽取大臣的意見。李世民想修建一處宮苑，大臣魏徵據理力爭，告誡李世民如此耗費國力又傷民力之事不可為。李世民大怒，下朝之後對他的長孫皇后發洩說：「哪一天我要殺了這個不懂事的傢伙，給他點顏色看看。」長孫皇后是一位賢明的皇后，她聽到後，換了正式的衣服，跪下勸諫李世民，說魏徵是一位難得的忠臣，請李世民一定要做明君。李世民聽後大為慚愧，從此再也不提懲治魏徵的話了。

李世民不貪圖享受，不積民怨，多方聽取大臣們的意見，使中國出現了繁榮昌盛的盛世，李世民也成為歷史明君為世人稱道。

第三章　先知迂直之計者勝，此軍爭之法

【原文】

故不知諸侯之謀者，不能豫交①；不知山林、險阻、沮澤②之形者，不能行軍；不用鄉導③者，不能得地利。故兵以詐立④，以利動，以分合為變者也。故其疾如風，其徐如林，侵掠如火，不動如山，難知如陰⑤，動如雷震，掠鄉分眾⑥，廓地分利⑦，懸權⑧而動。先知迂直之計者勝，此軍爭之法也。

【注釋】

①豫交：結交。

②沮澤：水草叢生的沼澤地帶。

③鄉導：嚮導。

④以詐立：以詐取勝。

⑤難知如陰：蔭蔽難測。

⑥掠鄉分眾：分兵掠奪城邑。

⑦廓地分利：開拓疆土，分守利害。

⑧懸權：秤錘懸秤桿上，在此指衡量。

【譯文】

不了解諸侯各國的圖謀，就不要和他們結成聯盟；不知道山林、險阻和沼澤的地形分布，不能行軍；不使用嚮導，就不能掌握和利用有利的地形。所以，用兵是憑藉施詭詐出奇兵而獲勝的，根據是否有利於獲勝決定行動，根據雙方情

【名家點評】

先知迂直之計者勝，此軍爭之法。

梅堯臣曰：「稱量利害而動，在預知遠近之方則勝。」

勢或分兵或集中為主要變化。按照戰場形勢的需要，部隊行動迅速時，如狂風飛旋；行進從容時，如森林徐徐展開；攻城掠地時，如烈火迅速；駐守防禦時，如大山巋然；軍情隱蔽時，如烏雲蔽日；大軍出動時，如雷霆萬鈞。奪取敵方的財物，擄掠百姓，應分兵行動。開拓疆土，分奪利益，應該分兵扼守要害。這些都應該權衡利弊，根據實際情況，相機行事。率先知道迂直之計的將獲勝，這就是軍爭的原則。

【延伸閱讀】

「迂直之計者勝，此軍爭之法。」率先知道迂直之計的將會獲勝，這是軍隊占領先機的妙處所在。要知道迂直之計就要權衡利弊，還要根據實際情況，相機行事，這幾條缺一不可。

第一，依實際情況考量。我們分析的情況必須真實有效，既不是主觀的臆斷也不是敵軍故布的疑陣。

第二，權衡利弊。在詳細分析了敵我雙方的情況後，要顧全大局，分清孰輕孰重，不要憑意氣作出魯莽的決定，更不要心存僥倖的心理。

第三，要相機行事。在根據情況作出選擇之後，要看準時機再行動，要抓敵人薄弱的環節，爭取速戰速決。

西夏天儀治平元年（宋元祐二年，西元1087年）四月，西夏與宋劃分疆界發生了爭議，決定發兵攻宋。五月的時候，西夏國準備了厚禮送給吐蕃，請吐蕃的首領阿里骨出兵援助，並承諾將攻佔的宋地分給吐蕃。阿里骨欣然答應前往，並率先襲擊了洮州。梁乙逋率數萬西夏軍出河州，兩軍會合，一起圍攻了南川寨（今甘肅東鄉族自治縣西南），兩國的軍隊接連打了八個月都沒有攻下。

大宋詔洮西守將劉舜卿、王光祖、王贍、姚兕、種誼等率軍救援，寨中軍民士氣大振，奮力抗擊。梁乙逋等人看到長時間的攻擊都沒有什麼成效，就帶領大軍向東挺進，轉而攻擊定西城。他先設下埋伏，然後使用計謀引誘宋軍出戰。宋軍中計，被梁乙逋擊敗。七月，梁乙逋再次進攻涇原，遣大首領嵬名阿吳入青唐（今甘肅西寧），並約吐蕃阿里骨聯兵攻宋。八月，梁乙逋集中十二監軍司兵屯聚天都山（今寧夏海原），直逼蘭州。阿里骨發兵十五萬圍河州，鬼章引兵兩萬進駐常家山（今甘肅臨洮西南）大城洮州，自率軍五萬，約會於熙州東王家平。梁乙逋造浮橋以通兵路。

宋軍器監游師雄見西夏、吐蕃軍勢盛，建議知州劉舜卿乘西夏、吐蕃軍勞師遠來、立足未穩，先發制人。劉舜卿遂命都部署姚兕、知洮州種誼分兵兩路，沿洮水急進。姚兕於洮水西側，破吐蕃六逋宗城（今在甘肅臨洮西南），擊殺一千五百餘眾，乘勝轉攻講朱城（今甘肅夏河東北），遣兵自間道北上，焚黃河浮橋，截斷鬼章救援的道路，使青唐吐蕃十萬大軍不能渡河。種誼部沿洮河東側南下，出哥龍谷（今甘肅岷縣東北境），迎擊通遠吐蕃兵，斷其與洮州的聯繫。宋主力連夜搶渡洮水，兵臨洮州城下，乘鬼章不備，一舉破城。擒鬼章青宜結及西蕃首領五人，殺吐蕃軍數千，獲牛、羊、器械、糧草萬計，餘眾棄城潰逃，渡洮水時又溺死數千。梁乙逋見西蕃軍失利，引兵退還。

宋軍運用迂直之計，根據敵軍的實際情況分析出西夏和吐蕃的軍隊雖然強大，但是各自分散、互不照應的特點，迅速出兵，趁敵人還沒有列好陣，猛然出擊，各個擊破，打了一個大勝仗。

第四章 夜戰多火鼓，晝戰多旌旗

【原文】

《軍政》①曰：「言不相聞，故為之金鼓；視不相見，故為旌旗。夫金鼓旌旗者，所以一人②之耳目也；人既專一，則勇者不得獨進，怯者不得獨退，此用眾③之法也。故夜戰多火鼓，晝戰多旌旗，所以變人之耳目也。」

【注釋】

①《軍政》：古代兵書。

②一人：統一士卒。

③用眾：指揮眾多軍隊。

【譯文】

《軍政》上說：「在戰場上用語言來指揮，聽不清或聽不見，所以設置了金鼓；用動作來指揮，看不清或看不見，所以用旌旗。金鼓、旌旗是用來統一士兵的視聽，統一作戰行動的。既然士兵都服從統一指揮，那麼勇敢的將士不會單獨前進，膽怯的也不會獨自退卻。這就是指揮大軍作戰的方法。所以，夜間作戰，要多處點火，頻頻擊鼓；白天打仗要多處設置旌旗。這些是用來擾亂敵方的視聽。」

【名家點評】

夜戰多火鼓，晝戰多旌旗。

《左傳·成公二年》：「師之耳目，在吾旗鼓，進退從之。」

《便宜十六策·教令第十三》：「聞鼓聽金，然後舉旗，出兵以次第，一鳴鼓三通，旌旗發揚，舉兵先攻者賞，卻退者斬，此教令也。」

【延伸閱讀】

「夜戰多火鼓，晝戰多旌旗。」在古代戰場上，戰鼓鳴代表著將士們正在發動進攻，戰事正酣。戰士們除了捨命向前衝，還要看大旗的指揮，或退或進，或面對衝殺，或側面包抄。戰鼓和旌旗是戰場上不可缺少的指揮語言。

《孫子兵法》在這一章中就闡述了戰鼓和旌旗的作用。

在戰場上，人數眾多，戰線綿長，怎樣傳達將領們的作戰指揮呢？靠喊話肯定是不行。所以孫子說「言不相聞，故為之金鼓」，在戰場上用語言來指揮，聽不清或聽不見，所以設置了金鼓，以敲響金鼓後那富有穿透力的聲音來傳達將領們想要說的話。如果表明要列的陣勢、要走的方向，就要靠鮮明的大旗。「視不相見，故為之旌旗」，用動作來指揮，看不清或看不見，所以使用旌旗。另外戰鼓和旌旗還有「變人之耳目」的作用，所以，夜間作戰，要多處點火，頻頻擊鼓，白天打仗要多處設置旌旗，這些是用來擾亂敵方視聽的。

在戰爭中，戰鼓和旌旗的指揮作用，對於一場戰爭的勝利來說功不可沒。

南宋建炎三年（西元1129年），金軍再次大舉南侵，兩路人馬直逼南宋都城臨安，宋高宗趙構急走越州，接著又沿海直下，在溫州的江心寺避難，聽任金兵一路燒殺搶掠，攻破江南各州郡。韓世忠和夫人梁紅玉鎮守京口（今江蘇鎮江）。

金兀朮在江南飽掠北歸，直奔京口。而此時韓世忠手下只有八千疲兵，金兵有數十萬之眾。韓世忠帶兵緊急出動，在京口的金山和焦山一帶列兵迎敵。韓世忠站在金山上，向東望去，一片白茫茫的江南。且敵眾我寡，韓世忠苦思退敵之策。

這時夫人梁紅玉獻計：「現在的形勢是敵眾我寡，如果正面奮力戰鬥是很難取勝的。不如把軍隊分為兩隊人馬，我帶領中軍負責守備，查看敵情。一旦敵人來犯，就用槍炮矢石射殺他們，金兀朮必定帶著人馬左右突擊，你帶領人馬負責截殺。截殺時看中軍的旗號行事，我坐在船樓上面，擊鼓揮旗，我的旗往東，即往東殺去，我的旗往西，即向西殺去。如果能一舉殲滅金兀朮，那就是極大的勝利。」韓世忠一聽果然好計策，便著手準備。

第二天金兵果然重兵來犯，梁紅玉命令中軍遠炮近射，但不許出聲，只許啞戰。金兀朮看宋營沒有動靜正自納罕，忽聽得一聲炮響，萬箭齊發。又有大炮轟來，梁紅玉坐在戰船上指揮軍隊，一會兒排成一字，一會兒排成人字，進也快，退也快，把金兀朮的戰船打得落花流水，金兀朮慌忙從斜面往北攻來。梁紅玉在高桅上看得清清楚楚，即刻敲響戰鼓，如雷鳴一般，並且在號旗上掛起了燈球，指示金兵的走向。韓世忠和其他兩位統領帶領軍隊，看著號旗，聽著鼓聲，三面夾擊金兵。金兵死傷無數，金兀朮狼狽地四處奔逃，一頭栽進了黃天蕩，梁紅玉見到金兀朮帶兵進了黃天蕩，心中大喜，把戰鼓敲得不絕聲響。

黃天蕩看似開闊，實際是一條死路，金兀朮上天無路，下地無門，只得重金徵求出路。有貪利的當地人便指點他挖開日久淤塞、已廢棄的老鸛河故道，金兀朮指揮軍隊一夜開出一條三十多里的水道，接通秦淮河，準備再改向建康。想不到剛出老鸛河，在牛頭山遇到岳家軍，又像被趕的鴨子一樣退入黃天蕩，原指望韓世忠守不住了帶兵離去，不想等金兀朮來到蕩口，只見韓世忠的戰船一字排列在蕩口，幾番衝殺，巋然不動。宋軍士氣大振，越戰越勇猛，一直把金兀朮圍困在蘆蕩裡，七七四十九天，差一點兒把他生擒活捉了。

在這場以少勝多的戰役中，著名的巾幗英雄梁紅玉用戰鼓和號旗為標誌，明確標示出敵軍的動向，與韓世忠夫唱婦隨，大敗金兵，使金兵逃走之後不敢再犯。韓世忠和梁紅玉在朝中和金兵中都聲名大振。在戰場中擊鼓不是一件容易的事，一般敵兵都會首先射殺擊鼓揮旗幟的人，以亂軍陣和軍心。梁紅玉能夠在槍林箭雨中擂響戰鼓指揮戰船，而且鎮定自若，不愧於巾幗女英雄的稱號。

戰鼓和旌旗在戰場上是戰士們眼睛追尋的目標，也是他們的精神支柱。正是有了這顆定心丸和風向標，他們才能所向披靡，奮勇衝殺。

在生活中，我們也應該擂響人生的戰鼓，舉起前進的大旗，為

自己定下切實可行的奮鬥目標。

1952年七月四日清晨，一個名叫佛羅倫斯．查得威克的女人，準備從距海岸以西二十一英里的卡塔琳納島出發游向加州海岸。

那天早晨霧很大，海水的溫度也很低，凍得她發麻。十五小時後她又累又冷，渾身都凍僵了。她覺得自己不能再游了，就叫人拉她上船。她的母親和教練在另一條船上，他們都告訴她堅持一下，不要放棄，因為她已經海岸很近了。但是她朝加州海岸望去，什麼也看不見，濃霧阻擋了她的視線。

最後人們拉她上船後，她發現自己離加州海岸只有半英里！後來她說令她半途而廢的不是疲勞，也不是寒冷，而是因為她在濃霧中看不到目標。

人生有目標，才會有動力，但是在制訂目標的時候，也要注意它的合理性和可實施性。戰場上的戰旗和金鼓，如果指揮錯了方向，或在適當的時候不知道鳴金收兵，盲目進攻，就會慘遭失敗。

琳達是一個公司的銷售員，她開始工作以來一直業績平平。她想了很多辦法，但是效果都不大。她常幻想自己成為公司銷售中的翹楚，甚至成為本城的銷售精英。可是當她照著自己的目標前進的時候，往往堅持不過三、五天，就偃旗息鼓了。

一天她的車子出了大故障，她決心買一輛新車，於是她就把自己喜歡的車型的海報貼在了牆上，每天她起床後就能看到，暗暗下決心一定要努力工作，投入自己百分百的精力。在不知不覺中，她的工作有了起色，並越做越好。

最後琳達不僅得到了自己夢寐以求的新車，而且成就了自己的職業夢想，琳達沒想到，從最小和最實際的目標做起，卻實現了以往無法實現的宏願。

一個人在為自己制訂目標時，不要好高騖遠，不要想著一蹴而就，切實可行的、符合自己實際的目標才是明智的選擇。

第五章 三軍可奪氣，將軍可奪心

【原文】

故三軍可奪氣①，將軍可奪心②。是故朝氣銳，晝氣惰，暮氣歸。故善用兵者，避其銳氣，擊其惰歸，此治氣者也。以治待亂，以靜待嘩，此治心者也；以近待遠，以佚待勞，以飽待饑，此治力③者也。無邀④正正之旗，勿擊堂堂之陳⑤，此治變⑥者也。

【注釋】

①奪氣：挫敗銳氣。

②將軍可奪心：動搖敵將之心。

③治力：掌握軍力之要領。

④邀：迎擊。

⑤陳：同「陣」。

⑥治變：掌握因敵而變的靈活戰術。

【名家點評】

三軍可奪氣，將軍可奪心。

《尉繚子・戰威》言：「夫將之所以戰者，民也；民之所以戰者，氣也。」

【譯文】

對於敵方三軍，可以挫傷其銳氣，可使喪失其士氣，對於敵方的將帥，可以動搖他的決心，可使其喪失鬥志。所以，敵人早朝初至，其氣必盛；陳兵至中午，則人力困倦而氣亦怠惰；待至日暮，人心思歸，其氣益衰。善於用兵的人，敵之氣銳則避之，趁其士氣衰竭時才發起猛攻。這就是正確運用士氣的原則。用治理嚴整的我軍來對付軍政混亂的敵軍，用我鎮定平穩的軍心來對付軍心躁動的敵人。這是掌握並運用軍心的方法。以我就近進入戰場而待長途奔襲之敵，以我從容穩定對倉促疲勞之敵，以我飽食之師對饑餓之敵，這是懂得並利用治己之力以困敵人之力。不要去迎擊旗幟整齊、隊伍統一的軍隊，不要去攻擊陣容整肅、士氣飽滿的軍隊，這是懂得戰場上的隨機應變。

【延伸閱讀】

士氣和軍心是最能展現一支軍隊治理的情況。而一支軍隊的士氣和軍心怎樣，也能從一支軍隊的外在面貌展現出來。在作戰的過程中怎樣把握和利用敵我雙方的士氣和軍心取得勝利，也是一項在戰爭中值得研究的規律。

孫子說：「三軍可奪氣，將軍可奪心。」意思是說在和敵方交戰的時候，可以挫傷敵方三軍的銳氣，使其喪失士氣。對於對方的將領，可以動搖他的決心，使他喪失鬥志。

其實三軍士氣可以說成是上下一心、同仇敵愾、不惜生死、奮勇向前的信心，而將軍之心也可概括成保家衛國、克敵制勝的決心。而奪士氣和奪將心概括起來說就是「攻心」，是《孫子兵法》中的一種心理戰術。

《左傳．曹劌論戰》中，曹劌利用了士兵們的士氣，在敵國齊軍三次擊鼓後，下令進攻，一鼓作氣打敗敵軍。他曾總結說：「夫戰，一鼓作氣，再而衰，三而竭。彼竭我盈，故克之。」這就道出了士氣的重要性。

楚漢相爭的時候，劉邦利用了四面楚歌瓦解了驍勇善戰、霸氣十足的項羽軍的士氣，使對手項羽鎩羽而歸，因無顏見江東父老而自刎於烏江邊。從此沒有一人有和劉邦爭天下的實力，劉邦穩得了江山。

兩個將領都是運用了心理戰術，瓦解了對方士兵的士氣，最終獲得勝利。俗話說擒賊先擒王，在收復一支軍隊的時候，要讓軍隊的主心骨——將領們心悅誠服才是真正意義上的征服。

劉備臨陣托孤，諸葛亮為了蜀漢的統一大業，決定北伐。正在此時，受曹魏挑唆，南蠻孟獲不時侵擾邊境。為了鞏固後方，諸葛亮決定統兵南征。但是南蠻人個個驍勇善戰，加之距離遙遠，蜀漢對他們的統治力道鞭長莫及。諸葛亮與馬謖商量此事時，馬謖道：「夫用兵之道：攻心為上，攻城為下；心戰為上，兵戰為下。願丞相但服其心足矣。」諸葛亮歎道：「幼常足知吾肺腑也！」

於是諸葛亮親率大軍南征，有了七擒七縱孟獲的故事。

雖然說孟獲熟讀兵法，但遠遠不是足智多謀的諸葛亮的對手，在第一次交戰中，諸葛亮用正面迎敵、同時兩隊騎兵夾擊的戰術就擒住了孟獲，但是孟獲不服氣，認為勝敗乃兵家常事，算不得什麼。於是諸葛亮放了孟獲。

之後，諸葛亮故意找來孟獲的副將說，孟獲把戰敗的原因都歸罪在了他的頭上。副將當然十分不悅，連說冤枉。於是諸葛亮故意放走了副將。副將回去後懷恨在心。一天，他把孟獲請進自己的帳中，趁孟獲不防備，把孟獲綁了，送到了漢軍的大營。孟獲仍然不服，認為是手下人太差勁，竟然背叛了他。於是諸葛亮又一次放了他。

孟獲回到大營後不久，有一天，孟獲的弟弟突然來到漢軍大營，說是投降漢軍。諸葛亮一眼就識破了他是詐降，於是就命人設酒宴款待南蠻的士兵，並在酒裡下了藥。南蠻的士兵們都昏睡過去，孟獲按照訂好的計畫來攻營，又被擒獲了。這一次孟獲還是不服，他認為是弟弟貪杯誤了事。諸葛亮又一次放了他。

經過這些事之後，孟獲再也不敢魯莽行事，他只守不攻。但是諸葛亮卻叫人造木筏假裝攻擊，以引誘孟獲，孟獲上當，被擊敗逃走的時候，看到諸葛亮獨自一人坐在戰車上，就上前捉拿，卻掉進了陷阱裡，又一次被生擒活捉了。諸葛亮知道孟獲還是心有不服，就主動放了他。

孟獲躲入禿龍洞求援，銀冶洞洞主楊鋒感激日前孔明不殺其族人之恩，在禿龍洞捉了孟獲，送給諸葛亮。孟獲當然不服，要再與諸葛亮決戰，孔明又放了他。孟獲決一死戰，他投奔了木鹿大王，這木鹿大王極盡異族之能事，驅使野獸作戰，開始時諸葛亮敗下陣來，歷經波折才安全回到大營，回營後，諸葛亮造了比真獸還要大的巨獸，當再次交戰時木鹿人十分害怕，不戰自敗。在擒了孟獲之後，孟獲雖然還是心有不甘，但是不好意思開口了，諸葛亮心知肚明，又放了他。之後孟獲去投奔了烏戈國，烏戈國擁有一支英勇善戰的藤甲兵，刀槍不入，諸葛亮早有準備，用火攻的辦法大敗烏戈國。

孟獲第七次被擒，諸葛亮作勢又要放了他，孟獲跪下說：「七擒七縱這樣的事從古至今都沒有過啊！我誠心歸降，再也不謀反了。」諸葛亮看到孟獲誠心歸順，就委派他管理南蠻，並把繳獲的東西都還給了他們的族人。孟獲和南蠻的人都感激不盡。從此，再也沒有生過事端。

在現代商戰中，經營者們也想盡辦法，服務到消費者的心裡去，試圖以最低廉的成本投入，佔據市場競爭中最大的優勢。

在超級市場剛剛發展的時候，市場的形式很單一，都是普通的小推車和最常見的商品陳列結構。香港一家超級市場的經營者發現在眾多的顧客當中，許多顧客是帶著孩子來購物的。但是在大人購物的過程中，小朋友們很無聊。大人們有的時候要考慮孩子的因素，從而倉促購物。於是他認識到在吸引顧客的同時，也要吸引小朋友。他們在超級市場的頂樓開發了免費的簡易兒童遊樂場，還重新設計了一部分購物車，把購物車設計成可容下小孩坐進去的小汽車的模樣。小朋友可以在大人們推車購物的同時玩開車的遊戲。這些改造大大方便了帶孩子購物的大人們，也吸引了更多的顧客前來購物。

無論是軍隊作戰，還是商界競爭，攻心戰術都是強大的致勝法寶，但是攻心戰術不是那麼容易就掌握的，既需要冷靜的分析，又要深入了解對方的心理動態。

第六章 窮寇勿迫

【原文】

故用兵之法：高陵勿向，背丘勿逆①，佯北勿從，銳卒勿攻，餌兵勿食，歸師勿遏，圍師必闕②，窮寇勿迫。此用兵之法也。

【注釋】

①背丘勿逆：敵人背倚丘陵，不宜逆攻之。

②圍師必闕：圍敵三面，留一缺口，使有生路而不死戰，此乃攻心之術。

【譯文】

所以，用兵的原則是：對佔據高地、背倚丘陵之敵，不要作正面仰攻；對於假裝敗逃之敵，不要跟蹤追擊；敵人的精銳部隊不要強攻；敵人的誘餌之兵，不要貪食；對正在向本國撤退的部隊不要去阻截；對被包圍的敵軍，要預留缺口；對於陷入絕境的敵人，不要過分逼迫，這些都是用兵的基本原則。

【名家點評】

窮寇勿迫。

《漢書》：「此窮寇不可迫也。緩之則走不顧，急之則還致死。」

《南齊書．張欣泰列傳》：「歸師勿遏，古人畏之。死地之兵，不可輕也。」

【延伸閱讀】

在和敵人作戰的過程中，不要把自己置於絕望的境地，同時也不要把已經陷入絕境的敵人逼得太緊。《孫子兵法》通篇都是在傳授怎樣才能儘快地取得全面勝利，但是在必勝的情況下要記得適當地放敵人一條生路。這就是所說的「窮寇勿迫」，後來有一個常用的詞「窮寇莫追」也是同一個道理。

西元前274年，燕昭王拜樂毅為上將，乘齊軍連年征戰、疲憊不堪之機，聯合趙、楚、韓、魏四國伐齊，齊國的湣王因將軍觸子畏懼不前，派人斥責觸子，又以不戰即斬首並掘其祖墳相逼，致使齊軍將士離心，軍中恐懼。樂毅指揮聯軍猛攻，齊軍一觸即潰。觸子逃亡，齊殘兵被迫退守齊都臨淄（今山東淄博臨淄北）近處的秦周（今山東淄博雍門西）。

齊湣王逃入莒城。隨後樂毅又率燕軍單獨深入齊地，攻佔臨淄。樂毅入臨淄後，將齊國的珠玉財寶和貴重祭器全部運回，經過五年巡戰，取齊七十餘城，齊地僅剩莒城與即墨，然而就是這兩個當時並非很大的城市成了樂毅伐齊的終點，樂毅終未能攻下兩城，盡取齊地。燕昭王死後，其子惠王即位，聽信讒言，中齊將田單反間計，派騎劫代替樂毅為將。田單用火牛陣擊破圍攻即墨的燕軍主力，隨即將燕軍逐出齊境，七十餘城復歸於齊。

在這場燕攻齊的戰役中，燕國在進攻最後的兩座城池時失利。在齊國就要滅亡的時刻，所剩城池中的軍民同仇敵愾，上下一心地作戰，是齊國能起死回生的重要原因，再加上田單的軍事才華，絕地反擊成功，造就了中國戰爭史上的神話。如果當時樂毅退兵，不再圍困齊國最後的城池，他的結局一定比最後被奪兵權好得多。

所以說窮寇勿迫，否則會激起沒有希望的軍隊拚死最後一搏。

西元203年，歷經官渡之戰後大敗而歸的袁紹病逝，但是他還有兩個兒子，曹操乘勝追擊，力圖繼續進攻，一舉拿下袁氏家族，曹操一路追擊連戰連捷。曹軍諸將都想乘勝攻破二袁，而在此時曹操的第一謀士郭嘉卻力排眾議，向曹操建議退兵。

他分析道：「袁氏兩兄弟之間素有矛盾，袁譚雖是袁紹的長子，但袁紹更喜歡袁尚。袁紹一直為傳位給哪個兒子搖擺不定，以至於在最後時刻不得不做決定的時候，最終傳給了三子袁尚。長子袁譚對此一直心存不滿，在伺機而動。如果我們此時窮追猛打，不留活路，在緊急形勢下，他們會被迫聯合抗擊，如果暫緩用兵，他們一定會爆發內訌。」

郭嘉建議曹操改變策略，向南作出佯攻劉表之勢，靜觀其變。果然，曹軍剛回到許昌，袁軍就發生了兵變。曹操迅速揮軍北上，採取逐個擊破的計策，分別圍攻袁譚、袁尚，二袁一死一逃。

曹操沒有在形勢非常有利的情況下，追擊已經兵敗的袁氏家族，而是暫緩逼迫之勢，讓他們自行潰敗。郭嘉的「窮寇勿追，靜待自殘」也給後人留下了深遠的影響。

在生活中，我們也要具有寬大的胸懷，得饒人處且饒人。在與自己的對手或曾經傷害過自己的人狹路相逢的時候，留一條寬容之路。

春秋時期，有一天楚王在宮裡設宴，許多大臣都來喝酒吃飯。席間燭光朦朧搖曳，美酒佳餚也透出美妙的光澤。窈窕的歌姬翩翩起舞，曼妙的身姿美麗無比。

喝到高興處，楚王命令他寵愛的美人許姬和麥姬輪流向在座的大臣們敬酒。忽然一陣狂風刮來，吹滅了所有的蠟燭，頓時漆黑一片。席上有一臣子乘機佔便宜，偷偷地摸了許姬的玉手。許姬心裡一驚，一甩手扯下了他的帽帶，並快步回到座位上，在楚王耳邊悄悄地說：「剛剛蠟燭滅了的時候，有人乘機調戲我，我已經偷偷扯斷了他的帽帶，大王趕快叫人點起蠟燭來，看看是誰的帽帶斷了，就能知道是誰做的了。」楚王聽後，命侍衛們先不要點燈，然後對大臣們說：「我今天晚上很高興，來！大家都把帽子摘了，痛快地喝。我們一醉方休。」大臣們依言都紛紛脫了帽子。大家都沒有戴帽子，自然也就不知道是誰斷了帽帶。

後來楚國發兵進攻趙國，有一位勇猛的將士，獨自帶領幾百人在前面衝殺，為三軍開路，一路過五關斬六將，這個人就是那個被扯斷帽帶的人。他因為楚王寬容為懷，放了他一馬心存感激，決定更加忠心地效忠楚王。

窮寇勿迫，得饒人處且饒人。我們在做事情的時候把人逼到絕路上去，其結果很可能會傷到自己，所以對於別人的錯處點到為止，不要窮追猛打，一定要對方求饒才甘休。

因一點小錯就把人置之於死地的人，久而久之，朋友也會變成敵人，得饒人處且饒人，時間久了敵人也會變成朋友。多一個朋友多一條路，多一個敵人多一堵牆，人是社會化的動物，不可能離開團體而生活，寬容的心態才能贏得自在的生活。

第八篇
九變篇

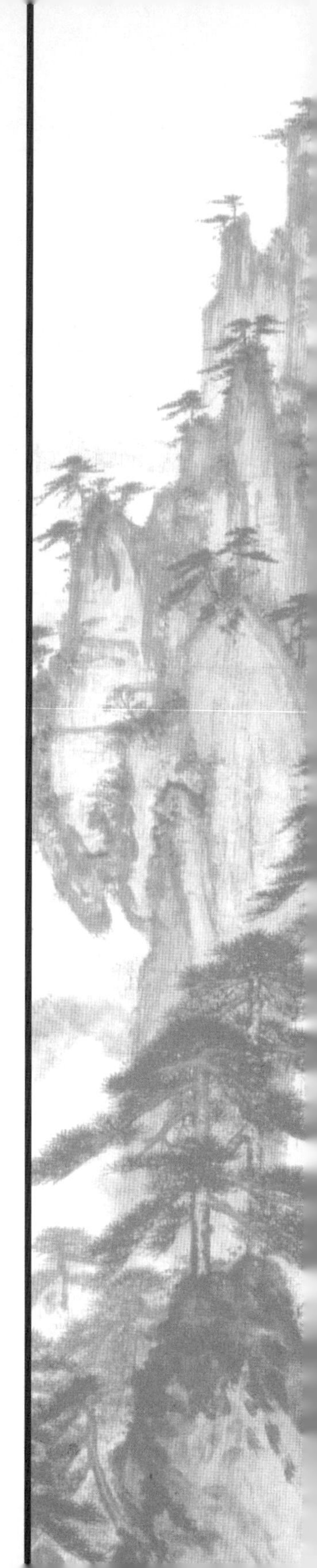

第一章　將在外，君命有所不受

【原文】

孫子曰：凡用兵之法，將受命於君，合軍聚眾，圮地無舍①，衢地交合②，絕地無留，圍地則謀③，死地則戰。塗有所不由④，軍有所不擊，城有所不攻，地有所不爭，君命有所不受。

【注釋】

①圮（ㄆㄧˇ）地無舍：山林、險阻、沼澤難行之道，不可屯兵駐留。

②衢（ㄑㄩˊ）地交合：在四通八達之地，要廣交諸侯以求互助合作。

③圍地則謀：在四周險阻地帶，要出奇謀，以免被襲。

④塗有所不由：塗，通「途」。由，通過。即有些道途不要通過。

【名家點評】

君命有所不受。

曹操曰：「苟便於事，不拘於君命也。」

【譯文】

孫子說：用兵的原則是，將領接受國君的命令，召集人馬組建軍隊，在難於通行之地不要駐紮，在四通八達的交通要道要與四鄰結交，在難以生存的地區不要停留，要趕快通過，在四周有險阻、容易被包圍的地區要精心謀劃，誤入死地則須堅決作戰。有的道路不要走，有些敵軍不要攻，有些城池不要占，有些地域不要爭，君主的某些命令也可以不接受。

【延伸閱讀】

《孫子兵法》在這一章中談了兩個方面，一是對戰爭中地勢、形勢的分析；二是對於君命的處理態度。地勢可以分為兩種：一種是有阻礙的地勢。在這裡孫子舉了幾種情況，如「圮地、絕地、圍地、死地」，意思分別是「難於通行之地、難於生存之地、四周有險阻容易被包圍之地、和各種原因造成的死地」。面對這些境地，孫子的建議是：「圮地」不要駐紮，「絕地」不要停留，「圍地」要及早謀劃，「死地」要拚死而戰。另一種是沒有阻礙、但是過於開闊的境地，即「衢地」，面對這種地勢，孫子認為如果地處四通八達的要道，要與四鄰結交。

對於戰爭中的形勢，孫子在這一章中主要說了四個不要：「不由」、「不擊」、「不攻」、「不爭」，由於戰事中各方面複雜的原因，有的道路不要通過，有些敵軍不要攻擊，有些城池不要占領，有些地域不要爭奪。

戰爭中的地勢和形勢都有著自己複雜微妙的實際情況，甚至有的時候，雖然已經完全具備了獲勝的條件，但是為了長遠的利益，需要放棄到手的果實。這些情況直接參與戰事的將領們會有更直觀的感受，但是君王不一定理解。那麼這時將領們就可以暫時拋棄君王的命令，根據戰事本身的需求去制訂作戰計畫，一個真正有才能的將領是以戰爭的勝利為目的，而不僅僅是迂腐地遵從君王的命令。

我國著名的民族英雄岳飛當年在接受了抗金的命令之後，帶領所向無敵的岳家軍進駐中原。以岳飛為首的岳家軍，紀律嚴明，從不騷擾百姓，個個英勇殺敵不惜生死，有著「守死不去」的戰鬥作風。岳飛親率隊伍討伐金軍，大破敵軍引以為豪的「鐵浮圖」、「拐子馬」。郾城大捷後，岳飛乘勝向朱仙鎮進軍（離金軍大本營汴京僅四十五里），金兀朮集合了十萬大軍抵擋，被岳飛打得落花流水。岳家軍一路向北收復失地，消滅了金軍的主力部隊，金軍的軍心動搖，曾有「撼山易，撼岳家軍難」的哀歎。中原百姓民心大振，軍民一體，抗金情緒高漲。

而就在抗金戰爭馬上就可以得到輝煌勝利的時候，宋高宗趙構在朝中權臣秦檜的挑唆下連下十二道金牌，召岳飛班師回京。岳飛無不感慨地說：「十年之功，廢於一旦！所得諸郡，一朝全休！社稷江山，難以中興！乾坤世界，無由再復！」班師之日，久久渴望「王師北定中原」的父老兄弟攔道慟哭。

岳飛是將在外卻受了君命的遺憾反證，歸根結柢是岳飛的忠孝觀害了他。從此岳家軍數年征戰的辛苦付之東流，收復的失地拱手讓人，中原的父老重陷於金兵鐵蹄之下。岳飛在班師之日或許還存有幻想，也許在當面陳清利害後，朝廷會回心轉意。但是等待他的是昏庸統治者的無恥猜忌和「莫須有」的罪名。

岳飛用中國千年的忠義文化去衡量是完美的，但是在軍事家孫子的眼裡卻是遺憾。《孫子兵法》在本章中秉承這樣一種精神：一個將領上承君命同時下承民生，一場戰爭的精髓在勝負。

孫子有一個同族的叔父，叫田穰苴，他本是陳國公子陳完的後代，但是非嫡出，屬於庶出的平民布衣，地位卑賤。雖然有過人的才華，而且有卓著的戰功，但是因為低微的出身，一直沒有得到重用。

齊景公繼位之初，晉國和燕國犯齊，齊國大敗，被敵軍一路進攻，威脅到都城。齊景公憂心忡忡，整日為國事擔憂。正當齊景公束手無策之時，晏嬰向他推薦了田穰苴，晏嬰說：「田穰苴雖為田氏庶出，然其人文能服眾，武能威敵，願君試之。」齊景公聽後大喜，趕緊從軍中召來田穰苴，並和他談論軍國大事，之後任命他為大將，抵抗晉軍和燕軍。

田穰苴出身卑微，猛然做了將軍統領三軍，恐難服眾，於是他對齊景公說：「由於我的出身不是貴族，今天國君把重任交給我，恐怕眾人不服，請國君派一個參軍給我，這樣就能壓住陣腳了」。

於是，齊景公就派了自己的寵臣莊賈做參軍，一方面可以幫助田穰苴樹立威信，另一方面也可以做為齊景公的耳目，隨時報告軍中的情況。在離開齊景公時，田穰苴和莊賈相約：明日日中會於軍門，莊賈漫不經心地答應了。

到了第二天中午的時候，莊賈並沒有如約而來，田穰苴已經集合了士兵在等待著他。原來莊賈以為自己貴為參軍，晚一點到沒有關係，就沒有把這件事放在心上，正好有一些親朋好友來送他，他設宴款待，直到傍晚的時候才醉醺醺地來到。

田穰苴質問他為什麼遲到，他醉眼濛濛地說：「親戚朋友們送行，我留下喝酒了。」

田穰苴大怒，道：「將受命之日則忘其家，臨軍約束則忘其親，援枹鼓之急則忘其身。今敵國入侵，邦內騷動，士卒曝露於境，君寢不安席，食不甘味，百姓之命皆懸於君，何謂相送乎？」說完，田穰苴向負責軍法的軍正問道：「按軍法，對遲到者該如何處置呢？」軍正回答：「當斬！」田穰苴立即喝令將莊賈推出斬首示眾。

莊賈的下人知道莊賈性命難保，就趕緊通報了齊景公，讓齊景公來救莊賈的命。等到使者來到的時候，莊賈已經被砍了頭，並懸掛於杆上示眾。使者傳達了齊景公的命令，示意他把人頭拿下。田穰苴威嚴正義地說道：「將在外，君命有所不受。」使者還要囉唆，田穰苴又道：「軍中不得跑馬，論令當斬，但是不能殺國君的使者，那就殺了馬夫。」

三軍見田穰苴紀律嚴明，個個心生畏服。

齊景公雖然捨不得莊賈，但是也佩服田穰苴的治兵之道。最後田穰苴大敗敵軍，抵禦了他國的入侵，凱旋而歸。

田穰苴在軍中深知軍紀的重要性，於是他不顧國君的顏面和命令殺了行為不當的人來立威，使上下敬服，有效地統治了三軍，贏得了戰爭的勝利。

第二章 通於九變之利者，知用兵

【原文】

故將通於九變之利者，知用兵矣；將不通於九變之利者，雖知地形，不能得地之利矣。治兵不知九變之術，雖知五利①，不能得人之用矣。

【注釋】

①五利：即上一章中「塗有所不由，軍有所不擊，城有所不攻，地有所不爭，君命有所不受」。

【名家點評】

通於九變之利者，知用兵。

賈林曰：「九變，上九事。將帥之任機權，遇勢則變，因利則制，不拘常道，然後得其通變之利。變之則九，數之則十，故君命不在常變例也。」

【譯文】

所以將帥精通「九變」的具體運用，就是真正懂得用兵了；將帥不精通「九變」的具體運用，就算熟悉地形，也不能得到地利。指揮作戰如果不懂「九變」的方法，即使知道「五利」，也不能充分發揮部隊的戰鬥力。

【延伸閱讀】

「故將通於九變之利者，知用兵矣。」這裡的「九」是一個虛指，意指無窮，九變指的是極其機動靈活的作戰方法。孫子認為將帥精通九變的具體運用，就是真正懂得用兵了。

在戰爭中，存在著很大的變數，而一個出色的將領面對戰爭的種種形勢是不能一味死用兵書的，要靈活機動地根據實際情況作出判斷。無論是激勵士氣還是指揮作戰，能夠隨機應變的將領才能取得勝利。

曹操早年收復黃巾軍的時候，親自率領部隊去攻打張角。那是一年中最熱的時候，太陽火辣辣地烤著大地，空氣中沒有一絲水分。曹操的大軍已經翻山越嶺走了好多天，將士們的鞋底都磨薄了。他們翻的山都是光禿禿的石山，沒有水源，也沒有人煙，將士們想盡辦法都沒能夠弄到一滴水。兵士們饑渴難耐，嗓子都冒煙了，嘴唇也都裂開。但是太陽還是越來越毒，沒有要下雨的樣子。

戰士們被曬得頭暈眼花，大汗淋漓，每走幾步路，就有士兵因為中暑倒下了，一些身體強壯的士兵也漸漸支持不住了。

曹操心中暗暗著急，他策馬跑上一個高崗去觀察地形，希望能找到水源。但是放眼望去，一片乾裂的土地。曹操派人找來嚮導問哪裡才有水源，嚮導無奈地說：「泉水在山谷的另一邊，如果要繞過去，還要走很遠的路。」

曹操看到軍隊的行軍速度越來越慢，這樣下去，不說耽誤了戰機，恐怕士兵們還沒打仗就渴死在這裡了。

曹操靈機一動，策馬跑到隊伍前面的一個高崗上，拿出令旗指著前方說：「前面有一片梅林，結滿了又大又酸的梅子。我們趕快前進，到了那裡我們就可以吃梅子解渴了。」

士兵們一聽梅子立刻想到了梅子的酸味，嘴裡就像吃到了梅子一樣，生出很多口水，精神也為之一振，都不顧勞累奮勇向前。最後終於走到了有水的地方。

在行軍之前，恐怕曹操怎麼也想不到會為了部隊的乾渴著急吧？但是曹操能夠隨機應變，利用人們對於酸梅的制約反應，激勵士兵走出了困境。曹操這一激勵士兵的方法衍生出一個成語流傳至今，即「望梅止渴」。

在春秋戰國時期，趙國有一個人叫趙括，他是趙國名將趙奢的兒子，趙奢曾經帶領趙兵以少勝多，轟動全國。趙括從小就熟讀兵書，開口閉口都是軍事理論，人們都說不過他，就連趙奢也不是對手。但是趙奢評價自己的兒子時說：「他不過只有空談的理論罷了，趙國最好不要任他為將，否則就會失敗。」結果在趙奢去世後的長平之戰中，趙王聽信讒言，把廉頗臨陣換了下來，拜趙括為將統領三軍。

沒有實戰經驗的趙括不懂得隨著眼前的戰事情況變通自己的統兵策略，只是生搬硬套兵書上的一套理論，結果被秦將白起打敗，坑殺了四十萬趙軍，趙括也在陣前中箭而死。

在現實生活中，我們也要懂得隨機應變，不拘於常規，才能創造出更大的成就。

第三章　智者之慮，必雜於利害

【原文】

是故智者之慮，必雜於利害①。雜於利，而務可信也②；雜於害，而患可解也。是故屈諸侯者以害③，役諸侯者以業④，趨諸侯者以利⑤。

【注釋】

①雜於利害：充分考慮利害兩方面。
②而務可信也：事業可以順利完成。
③屈諸侯者以害：令諸侯做對其不利之事。
④役諸侯者以業：役使諸侯忙於應付緊迫之事。
⑤趨諸侯者以利：動以小利，使諸侯奔忙。

【譯文】

智慧明達的將帥考慮問題，必然把利與害一起權衡。在考慮不利條件時，同時考慮有利條件，大事就能順利進行；在看到有利因素時，同時考慮到不利因素，禍患就可以排除。因此，用最令人頭痛的事去使敵國屈服，用急迫的事變去使敵國窮於應付，以利益為釣餌引誘敵國疲於奔命。

【名家點評】

智者之慮，必雜於利害。曹操曰：「在利思害，在害思利，當難行權也。」李筌曰：「害彼利此之慮。」

【延伸閱讀】

戰爭是因為利益而起，在戰爭中利益的作用不可小覷。在這一章中，孫子就對利益之爭作了分析，「智者之慮，必雜於利害。」意思是說，智慧明達的將帥考慮問題，必然把利與害一起權衡。要在不利中看到有利的條件，在有利的條件中考慮到不利的因素，這樣才能夠贏得最後的勝利。

在春秋戰國時期，吳王想要攻打楚國，但是以當時吳國的實力，根本不是強大的楚國的對手。而吳王又驕橫跋扈，很難聽進別人的意見。他做了決定之後，就召集群臣，宣布了這個消息。

大臣們都不贊成這個倉促的決定，有幾個大臣剛要進諫，勸吳王收回成命。只聽吳王厲聲說道：「我心已決，不用再勸了。膽敢再勸的人，我要他死。」大臣們看到吳王決絕的樣子，料難再勸，都不做聲了。

這時，有一個年輕的侍衛想了一個辦法，他每天清晨都出現在吳王的花園裡，拿著一個彈弓走來走去，瞄準樹上。早晨的露水很大，很快就打濕了他的褲腳。到了第三天的時候，吳王看到了他，他正拿著彈弓站在一棵樹下，眼睛死死地盯住樹杈。吳王不解地問他：「一大清早來這裡做什麼呢？這麼入神，連褲腳濕了也不知道。」

那個侍衛裝作很驚慌的樣子說：「我一直在看樹上的蟬和螳螂，大王來了我都不知道，請大王恕罪。」

吳王道：「牠們有什麼好看的呢？」

侍衛回答道：「那隻蟬正在喝露水，完全沒有覺察到有一隻螳螂在悄悄地向牠逼近。螳螂只是專注地看著蟬，一點也不知道一隻黃雀在牠的身後，正伺機捕殺牠。而自以為得意的黃雀怎麼也想不到我正準備用彈弓打下牠。牠們只是看到眼前的利益，卻看不到身後的禍患啊！」

吳王聽後，覺得這個小侍衛說得非常有理，就打消了攻打楚國的念頭。

「螳螂捕蟬，黃雀在後」這個故事裡面清楚地羅列了各方的利益關係，一個國家的國君或是一支軍隊的將領都應該顧全大局，從全局考慮得失，才能做到既得到想要的勝利而又無後顧之憂。

從前有一家人養了一隻母雞，有一天這隻母雞下了一顆金蛋。

這一家人欣喜若狂，從那以後，母雞每天都會下一顆金蛋，這家人逐漸富有了起來。這家的女主人在某天撿了金蛋之後想：「這隻母雞每天就能下一顆金蛋，這樣我得到金子的速度太慢了，應該想一個辦法，每天能夠得到更多的金蛋。」她想既然母雞能下金蛋，肚子裡一定有很多的金子。於是這個農婦拿起刀來就把母雞的肚子剖開了，然而她發現這隻雞的肚子裡什麼也沒有。但這隻能下金蛋的雞也死了，從此以後，她們一家人再也不能從母雞那裡得到任何金蛋了。

這是《伊索寓言》裡一個發人深省的寓言故事，殺雞取卵，諷刺的是那些貪心和只顧眼前利益的愚蠢行為。

第四章 無恃其不來，無恃其不攻

【原文】

故用兵之法：無恃其不來，恃吾有以待也①；無恃其不攻，恃吾有所不可攻也。

【注釋】

①無恃其不來，恃吾有以待也：不要寄望於敵人不來，而要靠自己有充分的準備。

【名家點評】

無恃其不來，無恃其不攻。

《韓非子・外儲說左下》：「故明主者，不恃其不我叛也，恃吾不可叛也；不恃其不我欺也，恃吾不可欺也。」

【譯文】

所以用兵的原則是：不抱敵人不會來的僥倖心理，而要依靠我方有充分的準備，嚴陣以待；不抱敵人不會攻擊的僥倖心理，而要依靠我方堅不可摧的防禦，不會被戰勝。

【延伸閱讀】

戰爭是殘酷的，勝利不會降臨到沒有準備的人身上。孫子說：「無恃其不來，恃吾有以待也；無恃其不攻，恃吾有所不可攻也。」意思是說用兵的原則是不要抱有敵人不會來的僥倖，要充分準備，嚴陣以待，也不要心存僥倖敵人不會攻擊，要依靠己方堅不可摧的防禦，只有這樣才能不被戰勝。在這一章中孫子著重提醒帶兵者不要心存僥倖。

1894年，朝鮮發生內亂，朝鮮政府請求清政府派兵支援。就在中國向朝鮮派兵之時，日軍也舉兵入朝，這時的日本打著保護僑民的口號，對中國政府解釋說沒有其他的意思。其實日本是以此為藉口，挑起事端。這時的清政府沒有對嚴峻的戰爭形勢作出準確的判斷，李鴻章給北洋海軍的指令是：「日雖添軍，並未與我開釁，何必請戰，應令靜守。」李鴻章認為兩個國家應該以理服人，日本雖然全力備戰，但是如果清政府不先開戰的話，日本就不會攻擊中國，如果自己先動手就理虧了。

為了不落人口實，不先進行挑釁是應該的，但是李鴻章面對如此明顯的嚴峻形勢還心存幻想，不做任何作戰的準備。直到日軍圍困中國官兵於牙山的時候，才匆忙從上海遣兵增援。但已經是為時已晚，清政府官兵大敗於牙山，倉惶退守平壤。海上的援兵也遭到日軍的伏擊，兩千名將士葬身海底。沒有援兵的平壤中國軍損失重大，連連慘敗。

在作戰之初，清政府先是幻想日本不會對自己作戰，沒有一點的作戰準備，在開戰之後，又寄希望於帝國主義國家的調停，便自己鬆懈，完全陷於被動挨打的境地。

戰爭如此，人生也如此。無論是在生活中還是工作中，如果想獲得成功，有所成就，在做事之前一定要做好準備，不要心存僥倖。

第五章 將有五危，不可不察

【原文】

故將有五危：必死，可殺①也；必生，可虜②也；忿速，可侮③也；廉潔，可辱④也；愛民，可煩⑤也。凡此五者，將之過也，用兵之災也。覆軍殺將⑥，必以五危，不可不察也。

【注釋】

①必死，可殺：拚死而無謀，易招殺。

②必生，可虜：臨陣貪生，易於被俘。

③忿速，可侮：急躁易怒，易莽撞輕進致敗。

④廉潔，可辱：廉潔自尊，受辱易憤而出戰。

⑤愛民，可煩：仁愛人民，易受困被動。

⑥覆軍殺將：軍隊覆滅，將帥被殺。

【名家點評】

將有五危，不可不察。《國語·晉語一》：「精潔易辱；重僨可疾；不忍人，必自忍也。」

【譯文】

所以，將領有五種致命的弱點：堅持死拚硬打，可能招致殺身之禍；臨陣畏縮，貪生怕死，則可能被俘；性情暴躁易怒，可能受敵輕侮而失去理智；過分潔身自好，珍惜聲名，可能會因受辱引發衝動；由於愛護民眾，受不了敵方的擾民行動而不能採取相應的對敵行動。上述這五種情況，都是將領最容易有的過失，是用兵的災難。軍隊覆沒，將領犧牲，必定是因為這五種危害，因此一定要認識到這五種危害的嚴重性。

【延伸閱讀】

人人都有缺點，但是在生活中人們一定要盡量改正自己的缺點，或在做事的時候盡量揚長避短。作為一個領兵的將領，他的性格特點直接關係到勝敗生死。所以將領們在領兵打仗的過程中，一定要清醒認識自己的缺點，並堅決改正。

西元219年，蜀將關羽因為大意失守荊州，退守麥城。曹操聽取司馬懿、蔣濟等人意見，拉攏孫權，與孫權結盟，同時命徐晃率軍救曹仁，並命名將張遼火速援曹仁。孫權故意派陸遜代呂蒙，關羽一時沒有把陸遜放在眼裡。呂蒙至尋陽（今湖北黃梅西南），讓兵士們都穿上白色衣服，偽裝成商人，日夜兼程。

到達公安後，孫權迫使蜀守將傅士仁歸降，接著又用傅士仁勸降了江陵守將糜芳，並用收買人心的方法厚待關羽將士眷屬，安撫百姓，並釋放了關羽擄獲的魏軍將士。同時，讓陸遜前進至夷陵（今湖北宜昌），以防劉備救援。救助曹仁的徐晃到前線後，與曹仁取得聯繫，曹仁軍士聽到援軍來到一時士氣大增。為亂關羽軍心，乃令部將將孫權來信射入關羽營中，關羽見信後，猶豫不決，軍心動搖。徐晃乘機大舉進攻，關羽大敗，並乘機打通樊城路線。那個時候，洪水已經退去了，曹仁率領大軍配合徐晃襲擊關羽，關羽節節敗退，急忙退軍。士兵得知家屬獲厚遇，無心戀戰，逐漸離散。關羽孤立無援，堅守麥城，孫權派人誘降，關羽假裝投降，在城頭豎起投降的旗子，自己假裝軍士帶領十多騎隨從逃走。孫權派人在關羽可能逃走的路上設下伏兵。在臨沮，關羽連同其子關平被朱然、潘璋抓住，隨後被孫權處死。

關羽大意失荊州，隨後敗走麥城，一代英豪就這樣死在了孫權的手裡。回過頭看這一戰，雖然失敗的原因很多，但是關羽性格上的弱點卻直接導致了這次戰役的失敗。

英勇善戰的關羽縱橫戰場三十餘年，是常勝將軍。他忠君重義，勇猛堅毅，是人們至今崇敬的武聖。但是他三十多年的傲人戰績與自身孔武如神的身手使他驕傲自大，狂妄輕敵，並最終為此付出了慘重的代價。

人非聖賢，孰能無過，作為世間平凡的我們是不可能沒有缺點的，關鍵是在做事的過程中要對自己的缺點有一個清醒的認識，並能夠想辦法避免這種缺點帶來的危害。

有一個做外貿生意的商人，事業做得風生水起，卓有成就。於是他就想在做外貿的同時做加工業，有個下屬勸他說如今的形勢不適合做加工業，但是這個人沒有聽，他認為自己在做外貿生意的時候，也是在什麼都不具備的情況下取得了成功，為什麼現在不行呢？他毅然地開展了加工業業務，但是最終如他人所說的失敗了。

他認真分析了原因，發現成功後的自己已經習慣於下命令，而忽視了別人的建議。發現了這一點之後，他從此注意虛心聽取他人意見，最終他的加工業也走上了正軌。

第九篇

行軍篇

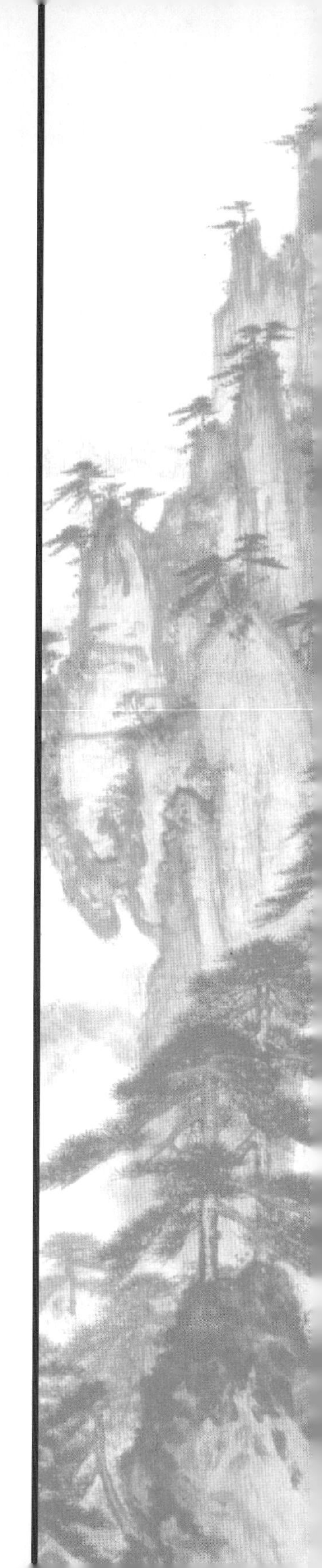

第一章 審地度勢，擇便處軍

【原文】

孫子曰：凡處軍①、相敵②：絕山依谷③，視生處高④，戰隆無登⑤，此處山之軍也。絕水必遠水⑥；客絕水而來，勿迎之於水內，令半濟而擊之，利；欲戰者，無附於水而迎客⑦；視生處高，無迎水流⑧，此處水上之軍也。絕斥澤⑨，唯亟去無留；若交軍於斥澤之中，必依水草而背眾樹，此處斥澤之軍也。平陸處易，而右背高⑩，前死後生，此處平陸之軍也。凡此四軍之利，黃帝之所以勝四帝也。

【注釋】

①處軍：部署軍隊。

②相敵：觀察敵情。

③絕山依谷：越高山時傍溪谷而行。

④視生處高：視生，向陽。處於居高向陽之地。

⑤戰隆無登：敵在高處不應仰攻。

⑥絕水必遠水：過江河須駐軍於離水稍遠之處。

⑦無附於水而迎客：勿於近江河之地與敵交鋒。

⑧無迎水流：不可於下游宿營。

⑨絕斥澤：越過鹽鹼沼澤地帶。

⑩而右背高：側翼背後地勢須高。

【名家點評】

審地度勢，擇便處軍。張居正《答宣大巡撫吳環訓策黃西》：「審度時宜，慮定而定，天下無不可為三事。」

【譯文】

孫子說：在各種不同地形上部署軍隊和觀察判斷敵情時，應該注意：通過山地，必須依靠有水草的山谷，駐紮在居高向陽的地方，敵人占領高地，不要仰攻，這是在山地上對軍隊的部署原則。橫渡江河，應遠離水流駐紮，敵人渡水來戰，不要在江河中迎擊，而要等他渡過一半時再攻擊，這樣較為有利。如果要同敵人決戰，不要緊靠水邊列陣；在江河地帶紮營，也要居高向陽，不要面迎水流，這是在江河地帶上對軍隊部署的原則。通過鹽鹼沼澤地帶，要迅速離開，不要逗留；如果同敵軍相遇於鹽鹼沼澤地帶，那就必須靠近水草而背靠樹林，這是在鹽鹼沼澤地帶上對軍隊部署的原則。在平原上應占領開闊地域，而側翼要依託高地，前低後高，這是在平原地帶上對軍隊部署的原則。以上四種部署軍隊的好處，就是黃帝之所以能戰勝其他四帝的原因。

【延伸閱讀】

《孫子兵法》在該篇之首提出了部隊在面對不同地勢時應該如何行軍佈陣。孫子主要列舉了四種不同的地勢情況和應對策略：絕山依谷、絕水必遠水、絕斥澤唯亟去無留、平陸處易，意思是說：通過山地，必須依靠有水草的山谷；橫渡江河，應遠離水流駐紮；通過沼澤地帶，要迅速離開，不要逗留；在平原上應占領開闊地域。

地勢在戰爭中是一種客觀條件，這種客觀條件必須在領兵者的考慮範圍之內，因為地勢往往會成為決定戰爭勝負的關鍵因素。

在我國，南宋和遼金的戰爭經評書和戲曲等形式的演繹為老百姓所熟知，和尚原戰役中，宋軍將領就利用了地形有力回擊了金兵的進攻。

和尚原之戰是金兵數次大規模進攻陝西中較重要的一次。建炎四年（西元1130年）九月，富平之戰中宋軍大敗，退守興州（今陝西略陽）、和尚原（今陝西寶雞西南）、大散關（今陝西大散關）及階州（今甘肅武都）、成州（今甘肅成縣）等地，重新設防。和尚原是南宋川陝地區的戰略要地，是金軍入川的主要障礙，也是從渭水流域越秦嶺進入漢中地區的重要關口。這時，吳玠、吳璘帶領幾千名散兵擔任保衛和尚原的任務。他們深知，「和尚原最為要衝，自原以南，則入川路散；失此原，是無蜀也」。金軍急於打通進入漢中的門戶，因此大舉進攻和尚原，和尚原之戰拉開帷幕。

紹興元年（西元1131年）五月，金軍將帥分兩路進攻吳玠軍，兩路金軍企圖在和尚原會師。吳玠針對金軍重甲騎兵長於騎射、短於步戰的特點，堅陣固守，避其銳氣，又命令諸將列成陣勢，利用有利地形，輪番向先到達的烏魯、折合率領的金軍攻擊。金軍欲戰不能，欲退無路。和尚原一帶盡是山谷，路多窄隘，怪石壁立，金軍的騎兵全都失去了威力，只好棄騎步戰。宋軍待其進入路窄多石的山谷時，揮軍猛攻，大敗金軍。潰敗的金軍退到黃牛一帶，又遇上了大風雨，士氣低落，已經沒有能力再組織進攻。同時，金軍在箭筈關方向發動的進攻亦為宋軍擊退，從而打破了兩軍會師和尚原的計畫。宋軍軍心大振。

金軍初戰和尚原失敗是他們始料未及的，於是金軍元帥金兀朮親自領兵十餘萬，再次跨過渭水，與吳玠所率宋軍夾澗對峙，準備與宋軍決戰。吳玠在此憑藉險要地勢，挑選勁弓強弩分番迭射，弓矢連發不絕。吳玠又派人馬從兩旁襲擊，斷了金軍的糧道。金軍不是敵手，丟盔棄甲，陷入困境，一路遁逃。吳玠乘勝追擊，在一山谷險要地設兵伏擊，金軍更加狼狽逃竄，金兀朮中箭負傷。宋軍獲金軍頭目三百餘人，甲士八百餘人，繳獲器甲數以萬計，獲得了輝煌的勝利。

和尚原戰役給予金軍以重創，宋軍贏得金兵破宋以來的第一次大勝利，與愛國軍民的殊死戰鬥是分不開的，但是在戰爭的過程中，將領們能夠有效利用陝西境內「路多窄隘，怪石壁立」的地形，打擊短於步戰的金兵，也是勝利的重要因素。

第二章　兵之利，地之助

【原文】

凡軍好高而惡下，貴陽而賤陰，養生而處實①，軍無百疾，是謂必勝。丘陵堤防，必處其陽，而右背之。此兵之利，地之助也。上雨，水沫至，欲涉者，待其定也。

【注釋】

①養生而處實：傍水草而居以便休養人馬，背高依固而處以便軍需物資供應。

【譯文】

大凡駐軍總是喜歡乾燥的高地，避開潮濕的窪地；重視向陽之處，避開陰暗之地；傍水草而居以便休養人馬，背高依固而處以便軍需物資供應。將士百病不生，這樣就有了勝利的把握。在丘陵堤防行軍，必須占領它向陽的一面，並把主要側翼背靠著它。這些對於用兵有利的措施，是利用地形作為輔助條件的。上游下雨，洪水突至，禁止徒涉，應等待水流稍平緩以後。

【名家點評】

兵之利，地之助。

曹操曰：「用兵常遠六害，令敵近背之，則我利敵凶。」

【延伸閱讀】

在〈行軍篇〉中，孫子首先提到了地勢的重要，在一切準備得當的情況下，能夠借助地勢反擊敵人，往往能取得勝利。但是《孫子兵法》的可貴之處在於注重以人為本。如果僅僅為了取得勝利，而忽略了地勢會對士兵們造成的傷害，那麼即使勝利也不會長久。戰爭中終歸人是主體。所以在戰爭中，領兵者一定要考慮到地勢對於士兵的影響。

在三國時期著名的戰役赤壁之戰中，孫劉聯合抗曹，採用火攻戰術大敗曹軍。除了孫劉妙計取勝外，匆匆南征的曹軍也有許多致命傷，如北方兵不熟悉水戰，至南方水土不服等。據相關資料記載，曹軍瘟疫橫行，曾經在一個士兵感染瘟疫死後，把屍體放在船上燒掉，並順風送到了孫劉駐紮處，孫劉的官兵也因此感染了瘟疫。據說曹操軍隊感染的主要是血吸蟲病。

推算一下，赤壁之戰的時間與當時血吸蟲病的易發季節正好相差無幾，曹軍遷徙、訓練水軍之時正是血吸蟲病易發的秋季。

曹軍本是北方軍隊，主要是陸上作戰。而此次南征不得不水中作戰，這讓不習慣水戰的北方軍更容易染上此病。血吸蟲病在人體內潛伏期為一個月，一個月後，患者才會出現比較明顯的症狀。曹軍很有可能在秋季訓練時已經染上此病，至一個月後的冬季，曹操準備發起總攻的時候，此病正進入急性期。因此曹軍戰鬥力大為削弱，在孫劉發起火力攻勢後，不堪一擊。而與之作戰的孫劉聯軍卻並未因此病受多大影響，很可能是因為孫劉軍本就以南方人居多，已經習慣了南方的潮濕氣候，對流行於南方的疾患也早有了認識和防備。

在這次戰役中曹操大意輕敵，認為只要憑藉自己雄厚的兵力就能輕而易舉攻破孫劉聯軍，統一全國，沒想到南北方氣候和地域特點不同，從而導致將士從身體上首先被戰敗，軍心不穩，戰鬥力下降，最終被火燒戰船，損失慘重。

1941年六月，希特勒侵佔蘇聯的戰役展開，希特勒意圖採取「閃擊戰」，迅速占領蘇聯。進入蘇聯戰區，希特勒一路猛攻，並制訂了攻佔莫斯科的「颱風」計畫。十月二日，希特勒正式發動攻佔莫斯科的戰役。雖然在戰前軍事顧問曾提醒過希特勒，要準備好應付莫斯科冬季的作戰物資。可是希特勒認為既然是閃電攻擊，那麼冬季到來之時德軍占領莫斯科不成問題，所以根本沒做這方面的準備。

莫斯科戰役展開後，如入侵其他城市一般，德軍長驅直入。沒想到的是，正當德軍準備進行再一輪的猛攻時，莫斯科的秋雨季節來到。大雨持續下個不停，德軍的大隊人馬陷入沼澤之中，士兵們渾身濕透，路上泥濘不堪，補給也無法及時供給。雨季一直持續到了十一月中旬方才結束。

正當希特勒準備繼續進行他的閃擊計畫，迅速攻佔莫斯科時，莫斯科的氣溫驟降至零下三十度，大雪飄飛。突如其來的低溫給毫無準備的德軍帶來了沉重的打擊：士兵身著夾衣作戰，手腳龜裂，幾乎握不住槍，火炮的潤滑油被凍住，機槍和自動步槍也不聽使喚。

士兵們由於軍裝單薄，怨聲載道，很多官兵被凍死凍傷，大大削減了德軍的戰鬥力和他們的戰鬥意志。到了次年一月，氣溫持續下降，最低降至零下五十二度，德軍在嚴寒中已經沒有了戰鬥力。蘇軍趁此良機，對德軍發起強烈猛攻，一舉殲滅了德軍的主力。據德軍總參謀長的日記記載，在莫斯科會戰中，德軍凍死八萬餘人，凍傷十萬餘人。

向來自負的希特勒完全沒有想到，在他攻佔莫斯科的戰役中，敗給的不是多麼神勇的軍隊，而是蘇聯特有的氣候。在士兵無法承受嚴寒的情況下，軍隊的戰鬥力土崩瓦解，不戰自潰，最後被蘇聯的軍隊抓住時機，反擊成功。

第三章 以細微處察知局勢

【原文】

凡地，有絕澗①、天井②、天牢③、天羅④、天陷⑤、天隙⑥，必亟去之，勿近也。吾遠之，敵近之；吾迎之，敵背之。軍行有險阻、潢井⑦、葭葦⑧、山林、翳薈⑨者，必謹覆索之，此伏奸之所處也。

敵近而靜者，恃其險也；遠而挑戰者，欲人之進也。其所居易者，利也⑩。眾樹動者，來也⑪；眾草多障者，疑也⑫。鳥起者，伏也⑬；獸駭者，覆也⑭。塵高而銳者，車來也；卑而廣者，徒來也⑮；散而條達⑯者，樵采也；少而往來者，營軍也⑰。

辭卑而益備者，進也；辭強而進驅者，退也。輕車先出，居其側者，陳也。無約而請和者，謀也。奔走而陳兵車者，期⑱也；半進半退者，誘也。

【注釋】

①絕澗：兩岸峭壁，水流其間。

②天井：四周高峻，中央低窪。

③天牢：天險環繞，易入難出。

④天羅：草木叢生，難以通行。

⑤天陷：低地泥濘，車騎易陷。

⑥天隙：山間狹谷，溝坑深長。

⑦潢井：積水低地。

⑧葭葦：蘆葦叢生之地。

⑨翳薈：草木繁茂，可隱蔽之處。

⑩其所居易者，利也：敵人所處之地對其有利。

⑪眾樹動者，來也：樹林裡很多樹木搖動的，是敵軍向

我襲來。

⑫眾草多障者，疑也：堆積草木設障，疑有伏兵。

⑬鳥起者，伏也：鳥兒飛起，下有伏兵。

⑭獸駭者，覆也：野獸驚跑，敵即來襲。

⑮卑而廣者，徒來也：塵埃低矮而廣闊，為步卒前來。

⑯條達：條縷分明。

⑰少而往來者，營軍也：塵少，時起時落，敵紮營壘。

⑱期：期待。即敵軍準備決戰。

【譯文】

凡遇到或通過「絕澗」、「天井」、「天牢」、「天羅」、「天陷」、「天隙」這幾種地形，必須迅速離開，不要接近。我方應該遠離這些地形，而讓敵人去靠近它；我方應面向這些地形，而讓敵人去背靠它。軍隊兩旁遇到有險峻的隘路、湖沼、蘆葦、山林和草木茂盛的地方，必須謹慎地反覆搜索，這些都是敵人可能埋設伏兵和隱伏奸細的地方。

敵人離我很近而安靜的，是依仗他占領險要地形；敵人離我很遠但挑戰不休，是想誘我前進；敵人之所以駐紮在平坦地方，是因為對他有某種好處。

許多樹木搖動，是敵人隱蔽前來；草叢中有許多遮蔽物，是敵人布下的疑陣；群鳥驚飛，是下面有伏兵；野獸駭奔，是敵人大舉突襲；塵土高而尖，是敵人戰車駛來；塵土低而寬廣，是敵人的步兵開來；塵土疏散飛揚，是敵人正在拽柴而走；塵土少而時起時落，是敵人正在紮營。

敵人使者措辭謙卑卻又在加緊戰備的，是準備進攻；措辭強硬而軍隊又做出前進姿態的，是準備撤退；輕車先出動，部署在兩翼的，是在布列陣勢；敵人尚未受挫而來講和

【名家點評】

無約而請和者，謀也。王晳曰：「無敵驟請和者，宜防他謀也。」

的，是另有陰謀；敵人急速奔走而布列戰車的，是企圖約期同我方決戰；敵人半進半退的，是企圖引誘我軍。

【延伸閱讀】

《孫子兵法》在這一章中告訴我們要細微地觀察，不要使自己的軍隊處於危險的境地。因為將領一個人身繫眾人生死，所以將帥對在行軍打仗的過程中出現的特殊情況不能不查，也不能不防。敵軍有時會利用真真假假的表象，讓兵力雄厚的領兵者不敢貿然前進。

在春秋時期，楚文王有一個非常漂亮的妻子——文夫人，他的弟弟令尹公子元垂涎已久，在楚文王死了之後，這種表現就更加明顯。他常常用各種方法討文夫人的歡心，但文夫人均不為其所動，於是他想如果自己能夠建功立業，擁有傲人軍功的話，文夫人就會轉變態度。

為此，公子元於西元前666年親率兵車六百乘，去打鄭國。鄭國國力較弱，在楚軍強大的攻勢下，失去了抵禦能力，楚軍直逼鄭國國都。

鄭國國君憂心忡忡，召集大臣商量退敵之策。群臣知道楚軍攻勢兇猛，一時都沒了主意。主戰派要求與鄭國國都共存亡，拚死一戰。主和派則認為不是敵人的對手，主張納款請和。這時上卿叔詹建議說：「請和與決一死戰都不可取，固守待援倒是不錯的方法。鄭國和齊國是有盟約的。而今鄭國有難，齊國定會出兵相助。公子元伐鄭其實是想邀功圖名討好文夫人，所以他不能承受失敗的打擊，對於失敗一定特別謹慎。我有一計，可退楚軍。」

鄭國國君聽了叔詹的計策後，大喜道：「果然是好計策。」遂命人按叔詹的謀劃做了部署。在國都城內，士兵全部埋伏起來，讓敵人從城外看進去，不見一兵一卒。百姓們正常往來，不見一絲驚慌之色。店鋪照常開門，街道井然有序。城門大開，放下吊橋。

楚國大軍很快就攻到了國都城下，見此情景，不敢妄動，怕是鄭國在使誘敵之計。先鋒官命先頭部隊原地待命，自己報於公子元。公子元趕到城下，看到此種情形也感到疑惑，他登上高處詳細觀察城內情況。隱約覺得鄭國都城空虛的表象下面，隱藏著全副武裝的士兵。於是公子元決定按兵不動，先派探子探聽一下虛實再說。

就在公子元猶豫之時，齊國接到了鄭國求援的書信，於是發兵救鄭，同時發兵的還有宋國和魯國。公子元看到這個陣勢，知道取勝很困難了，在撤退時，他怕鄭國會追擊，於是選了一天夜裡，全部士兵悄然撤退，連營寨和戰旗都沒帶。

第二天清晨，叔詹登城一望，看到楚軍的營帳上空有許多烏兒在盤旋，於是宣布：「楚軍已經撤走了。」其他人見到敵營戰旗招展，不相信已經撤兵。叔詹就說：「如果營中有人，飛鳥怎麼敢在營帳上上下盤旋呢？」

此次戰役中的公子元不僅僅是為了戰爭的勝利，他還帶著取悅夫人的目的，所以對於有可能的失敗就不得不謹慎處理。叔詹察覺到他的進攻另有目的之後，設置假象迷惑公子元，利用他不會輕易身處危境的特點拖延時間，使鄭國躲過了一場災難。

第四章　令之以文，齊之以武

【原文】

杖①而立者，饑也；汲而先飲者，渴也；見利而不進者，勞也。鳥集者，虛②也；夜呼者，恐也。軍擾者，將不重③也；旌旗動者，亂也；吏怒者，倦也。粟馬肉食④，軍無懸缻⑤，不返其舍者，窮寇也。諄諄翕翕，徐與人言者，失眾也。數賞者，窘也；數罰者，困也；先暴而後畏其眾者，不精之至也；來委謝者，欲休息也⑥。兵怒而相迎，久而不合，又不相去，必謹察之。

兵非益多也，唯無武進⑦，足以並力、料敵、取人而已。夫唯無慮而易敵⑧者，必擒於人。卒未親附而罰之，則不服；不服，則難用也；卒已親附而罰不行⑨，則不可用也。故令之以文，齊之以武⑩，是謂必取。令素行⑪以教其民，則民服；令素不行以教其民，則民不服。令素行者，與眾相得也。

【注釋】

①杖：長柄兵器。

②虛也：兵營空虛，敵或已潛退。

③將不重也：敵將無威望。

④粟馬肉食：用糧食餵馬，殺牲食肉。

⑤缻：盛水器。

⑥來委謝者，欲休息也：敵遣使者來致禮言好，欲休兵息戰。

⑦唯無武進：不能恃武輕進。

⑧無慮而易敵：無謀而輕敵。

⑨而罰不行：有刑罰而不嚴格執行。

⑩令之以文，齊之以武：文，仁恩。武，威刑。恩威並施。

⑪令素行：一貫嚴行法紀。

【譯文】

敵兵倚著兵器而站立的，是饑餓的表現；供水兵打水自己先飲的，是乾渴的表現；敵人見利而不進兵爭奪的，是疲勞的表現；敵人營寨上聚集鳥雀的，下面是空營；敵人夜間驚叫的，是恐慌的表現；敵營驚擾紛亂的，是敵將沒有威嚴的表現；旌旗搖動不整齊的，是敵人隊伍已經混亂。敵人軍官易怒的，是全軍疲倦的表現；用糧食餵馬，殺馬吃肉，收拾起汲水器具，部隊不返營房的，是要拚死的窮寇；低聲下氣同部下講話的，是敵將失去人心；不斷犒賞士卒的，是敵軍已處於窘境；不斷懲罰部屬的，是敵人處境困難；先粗暴然後又害怕部下的，是最不精明的將領；派來使者送禮言好的，是敵人想休兵息戰；敵人逞怒同我對陣，但卻久不交鋒又不撤退的，必須謹慎地觀察他的企圖。

打仗不在於兵力越多越好，只要不輕敵冒進，並集中兵力、判明敵情，取得部下的信任和支持，也就足夠了。那種既無深謀遠慮而又輕敵的人，必定會被敵人俘虜。士卒還沒有親近依附就執行懲罰，那麼他們會不服，不服就很難驅使。士卒已經親近依附，如果不嚴格執行軍紀軍法，也不能用來作戰。所以，要用懷柔寬仁使他們感懷一心，用軍紀、軍法使他們行動一致，這樣就必能取得部下的敬畏和擁戴。平素嚴格貫徹命令，管教士卒時，士卒就能養成服從的習慣；平素從來不嚴格貫徹命令，管教士卒時，士卒就會養成不服從的習慣。平時命令能貫徹執行的，表明將帥同士卒之間相處融洽。

【名家點評】

令之以文，齊之以武。李筌曰：「文，仁恩；武，威罰」。

【延伸閱讀】

一個將領的行事風格會影響一支軍隊的作戰風格。一支軍隊在作戰過程中表現出來的作戰能力，是一個將領領兵能力的表現。一個將領在擁有出色的軍事才能的同時必須具有出色的組織管理能力。在本章中，孫子闡述了如何根據敵軍的不同表現來判斷敵軍情況，和一個將軍應該怎樣統帥自己的士兵。

首先，孫子告訴領兵者：身正則威，自己正確英明的行動是無聲的語言，能夠讓士兵們產生敬服。其次要賞罰分明，在應該獎勵的時候，一定不要吝嗇，以產生鼓勵士兵的作用。在士兵違反軍法的時候，一定要加以懲治，以達到威懾的效果。讓士兵養成遵守紀律的習慣，能夠以軍法約束，反而會使將帥同士卒之間相處融洽。

三國時候的名將張飛長相威猛，作戰英勇無敵。《三國演義》裡曾經描述張飛大喝三聲，喝斷當陽水倒流，喝退曹操百萬兵。但就是這樣的一個萬人敵，卻不知體恤士兵，最後士兵們忍無可忍砍下張飛人頭，可憐一位虎將沒有死在戰場卻死在了自己人手裡。

張飛天性暴躁。在閬中鎮守時，得知關羽被害的消息。張飛痛惜兄弟情義，日夜號啕大哭，血淚衣襟。諸位將領悉來勸解，試圖讓張飛借酒澆愁，張飛酒醉後，更加控制不住自己的脾氣。但凡軍帳中有士兵犯有過失，張飛就鞭打他們，以致有的士兵被打至死。

劉備深知張飛的個性，知道他因為小錯打死士兵之後，就勸他說：「你鞭打士兵，還讓這些士兵在身邊侍候，早晚會有禍端的。對待士兵，平常應該寬容。」

關羽死後不久，張飛下令，限三日內置辦白旗白甲，三軍掛孝伐吳。

第二天，帳下兩員末將范疆、張達稟告張飛：「白旗白甲短時間內籌措不到，須寬限幾日才行。」張飛怒目圓睜，大喝道：「我一心想著報仇，恨不得明天就殺到賊子的境內去，你們竟敢違抗我的命令！」說完就讓武士把他們二人綁在樹上，每人鞭打五十下。打完了之後指著二人說道：「明天必須完成任務，所有東西一定要準備齊全。如果違了期限，就拿你們兩個人的頭示眾。」

這二人被打得滿臉是血，范疆說：「讓我們怎麼籌備呢？可是那個人生性暴虐，如果籌不齊，就會被殺啊！」張達說：「與其等著他來殺我們，還不如我們先去殺了他！」范疆說：「我們哪有辦法走近他呢？」張達說：「進帳後如果我們兩個不應當死，那麼他就喝醉後躺在床上；如果應當死，那麼他就不醉好了。」

張飛這天夜裡果然又喝得大醉，臥在帳中。范、張二人打聽消息確實，凌晨的時候，一人揣了一把利刃，悄悄地摸到了張飛帳中。就這樣，張飛在睡夢中被自己的兩個士兵殺死了。范張二人攜了張飛首級，連夜逃去了東吳。

猛張飛作為一個將軍，在統兵打仗中不但不知體恤士卒，反而苛刻、暴虐，落得如此下場，實在可悲又可歎。

哈佛大學商學院著名教授、當今世界上最有影響的管理學家之一——邁克爾·波特並不是一出道就技驚四座。在哈佛大學做教師的時候，院長麥克阿瑟對邁克爾·波特給予了充分的信任和關懷。當時就有人質疑麥克阿瑟過於縱容這些年輕的教師們了，致使商學院的有些青年教師沒有出色成績，使哈佛商學院的人才青黃不接。但最終院長寄予厚望的邁克爾·波特等一批青年教師沒有令人失望，他們以傲人的成績為哈佛大學取得了榮譽。其中邁克爾·波特1980年出版的《競爭戰略》如今已再版六十三次，暢銷各國，受到人們的喜歡，甚至改變了CEO的戰略思維。而他於1990年出版的《國家競爭優勢》一書被美國《商業週刊》選為年度最佳商業書籍。

邁克爾·波特不僅在學術界和商業界獲獎無數，他甚至還獲得過公民勳章。邁克爾·波特的成績與院長麥克阿瑟的支持和信任是分不開的。

第十篇

地形篇

第一章 地之道也，將之至任，不可不察

【原文】

孫子曰：地形：有通者，有掛者，有支者，有隘者，有險者，有遠者。我可以往，彼可以來，曰通。通形者，先居高陽①，利糧道，以戰則利。可以往，難以返，曰掛。掛形者，敵無備，出而勝之；敵若有備，出而不勝，難以返，不利。我出而不利，彼出而不利，曰支。支形者，敵雖利我，我無出也；引而去之②，令敵半出而擊之，利。隘形者，我先居之，必盈之③以待敵；若敵先居之，盈而勿從，不盈而從之。險形者，我先居之，必居高陽以待敵；若敵先居之，引而去之，勿從也。遠形者，勢均，難以挑戰，戰而不利。凡此六者，地之道也④，將之至任⑤，不可不察也。

【注釋】

①先居高陽：先占地高向陽之地帶。

②引而去之：往後撤（以誘敵）。

③盈之：重兵把守。

④地之道也：利用地形的原則。

⑤將之至任：為將領應負的重任。

【名家點評】

地之道也，將之至任，不可不察也。

梅堯臣曰：「夫地形者，助兵立勝之本，豈得不度也？」

【譯文】

孫子說：地形有「通」、「掛」、「支」、「隘」、「險」、「遠」六種。凡是我們可以去、敵人也可以來的地形，叫做「通」。在「通」形地域上，應搶先占領開闊向陽的高地，保持糧道暢通，這樣作戰就有利。凡是可以前進、

難以返回的地形，稱作「掛」。在「掛」形的地域上，假如敵人沒有防備，我們就能突擊取勝；假如敵人有防備，出擊又不能取勝，而且難以返回，這就不利了。凡是我軍出擊不利、敵人出擊不利的地域叫做「支」。在「支」形地域上，敵人雖然以利相誘，我們也不要出擊，而應該率軍假裝退卻，誘使敵人出擊一半時再反擊，這樣就有利。在「隘」形地域上，我們應該搶先占領，並用重兵封鎖隘口，以等待敵人的到來；如果敵人已先佔據了隘口，並用重兵把守，我們就不要去進攻，如果敵人沒有用重兵據守隘口，那麼就可以進攻。在「險」形地域上，如果我軍先敵占領，就必須控制開闊向陽的高地，以等待敵人來犯；如果敵人先我占領，就應該率軍撤離，不要去攻打它。在「遠」形地域上，敵我雙方地勢均同，就不宜求戰，勉強求戰，非常不利。以上六點，是利用地形的原則。這是將帥的重大責任所在，不可不認真考察研究。

【延伸閱讀】

孫子在這一章中談了將帥在行軍打仗時面對六種不同地形應做如何反應。不同的地形有不同的作戰主張，不能一味地強攻猛打，領導者要謹慎分析，小心對待。古代有才能的士大夫們在面對各種複雜的政治形勢時，也都仔細分析，酌情應對，爭取對自己有利的局面。

在春秋戰國時期，趙國得到傳世寶物和氏璧。秦昭王聽說這件事後，就修書一封給趙王，表示願意用十五座城池換取和氏璧。趙王拿不定主意，覺得秦國在說謊話，得到了寶玉之後，不會給城池；但是不給又怕秦國以此為藉口，進攻趙國。於是趙王召集大臣們商議。

這時宦官首領繆賢向趙王推薦了門客藺相如，藺相如奉命出使秦國。

秦王在章台宮接見了藺相如。藺相如捧著和氏璧呈獻給秦王，秦王非常高興，把和氏璧傳給妃嬪及左右侍從看。藺相如看出秦王沒有給趙國城池的意思，就上前說：「璧上有點瑕疵，請讓我指給大王看。」秦王把和氏璧交給藺相如。藺相如捧著璧退了幾步站住，背靠著柱子，怒髮豎立，好像要把帽子頂起來。他對秦王說：「大王想要得到和氏璧，派人送信給趙王，大臣商議都說：『秦國貪婪，依仗它強大，想用空話來詐取和氏璧，答應給趙國的城池恐怕得不到。』打算不給秦國和氏璧。但是我認為平民之間的交往尚且不相互欺騙，何況是大國之間的交往呢！於是趙王齋戒了五天，派我捧著和氏璧，在朝堂上行過叩拜禮，親自拜送了國書。這是為什麼？為的是尊重大國的威望而表示敬意。現在我來到秦國，大王卻在一般的宮殿裡接見我，禮節顯得十分怠慢，得到和氏璧後又將它傳給妃嬪們看，以此來戲弄我。我看大王無意給趙國十五座城池，所以又把它取了回來。大王一定要逼迫我，我的頭現在就與和氏璧一起撞碎在柱子上！」

秦王怕他撞碎和氏璧，就婉言道歉，請求他不要把和氏璧撞碎，並召喚負責的官吏察看地圖，指點著說要把哪十五座城池劃歸趙國。藺相如料定秦王只是假裝把城池劃給趙國，實際上是無法得到的，就對秦王說：「和氏璧是天下公認的寶貝，趙王敬畏大王，不敢不獻出來。趙王送璧的時候，齋戒了五天。現在大王也應齋戒五天，在朝堂上安設『九賓』的禮節，我才敢獻上和氏璧。」秦王答應了。藺相如料定秦王雖然答應齋戒，但必定違背信約，就讓他的隨從穿著粗布衣服，懷抱和氏璧，從小道逃走，把它送回了趙國。

秦王齋戒五天後，就在朝堂上設了「九賓」的禮儀，宴請藺相如。藺相如來到，對秦王說：「秦國自從秦穆公以來的二十多個國君，不曾有一個堅守信約。我實在怕受大王欺騙而對不起趙國，所以派人拿著璧從小路回到趙國了。秦國如此大，先割十五座城池給趙國，趙國怎麼敢留著和氏璧而得罪大王呢？我知道欺騙大王罪該處死，我請求受湯鑊之刑。希望大王和大臣們仔細商議這件事。」

秦王和大臣們面面相覷，侍從中有人要拉藺相如離開朝堂加以處治。秦王說：「現在殺了藺相如也不能得到和氏璧，反而破壞了秦趙的友好關係。不如趁此好好招待他，讓他回趙國去。」

最後秦國沒有割給趙國城池，趙國也沒有把和氏璧送給秦國。

藺相如因此立了功，回國後趙王封他做上大夫。

在「完璧歸趙」這個故事中，藺相如不畏強權，面對強大而蠻橫的秦王，他見招拆招，既有理有據又不失禮節，維護了自己的尊嚴和趙國的利益。

藺相如為人處世並不是一味的強硬，而是識大體明大義，在涉及國家利益方面據理力爭，鋒芒畢露；在個人的小恩怨上謙虛退讓，寬大為懷。

藺相如得到趙王重視之後，大將軍廉頗很不服氣，認為自己在戰場上出生入死才位極人臣，藺相如只不過是逞口舌之能罷了，並揚言要當面侮辱藺相如。藺相如知道後非但沒有生氣，反而處處謙讓。有一次，藺相如遠遠地看廉頗的馬車過來了，就讓人躲避到小巷子裡去，手下的人都很不服氣，認為藺相如怕廉頗，藺相如說：「我面對殘暴的秦王都不怕，怎麼會怕廉頗呢？秦國不敢輕易侵犯趙國就是因為有我們兩個人，如果我們兩個人爭鬥，傷了其中一人，正是秦國願意看到的。我選擇退讓是為了國家的利益，而暫時拋卻私人恩怨。」廉頗知道後非常感動，也十分慚愧。於是脫掉上衣，在背上綁了一根荊杖，請人領到藺相如家請罪，藺相如解下他的荊杖，兩人坦誠交談，成為至交。

我們在現實生活中與人相處的時候，亦不能一味要強，或是一味的軟弱。在涉及原則和道德準則方面，要堅持不退讓；而在涉及個人的蠅頭小利或生活瑣事方面則應當寬大為懷。

太剛則脆，沒有韌性，一個人在生活中總是剛強固執，很容易被現實生活所打擊摧折。與人相處總是以自我為中心，強橫霸道，人人見而避之，無疑是為自己的生活之路堆砌壁壘。但是如果一個人只知退讓，事事依附別人，就沒有了自己的主見，容易被別有用心的人利用，生活中為人處世之時，也要分清形勢，對待不同的事件或柔或剛，剛柔並濟方是明智的處世之道。

第二章　敗之道也，將之至任，不可不察

【原文】

凡兵有走者，有弛者，有陷者，有崩者，有亂者，有北者。凡此六者，非天之災，將之過也。夫勢均，以一擊十，曰走；卒強吏弱，曰弛；吏強卒弱，曰陷；大吏怒而不服，遇敵懟而自戰[①]，將不知其能，曰崩；將弱不嚴，教道不明，吏卒無常，陳兵縱橫，曰亂；將不能料敵，以少合眾[②]，以弱擊強，兵無選鋒[③]，曰北。凡此六者，敗之道也，將之至任，不可不察也。

【注釋】

①懟（ㄉㄨㄟˋ）而自戰：懟，怨恨。意氣用事，擅自出戰。

②以少合眾：以少兵擊眾敵。

③選鋒：選精銳為先鋒。

【譯文】

軍隊打敗仗有「走」、「弛」、「陷」、「崩」、「亂」、「北」六種情況。這六種情況的發生，不是天時地理的災害，而是將帥自身的過錯。地勢均同的情況下，以一擊十而導致失敗的，叫做「走」。士卒強悍，軍官懦弱而造成失敗的，叫做「弛」。將帥強悍，士卒懦弱而失敗的，叫做「陷」。偏將怨仇，不服從指揮，遇到敵人擅自出戰，主將又不了解他們能力，因而失敗的，叫做「崩」。將帥懦弱，缺乏威嚴，治軍沒有章法，官兵關係混亂緊張，列

【名家點評】

敗之道也，將之至任，不可不察。

陳皞曰：「一曰不量寡眾，二曰本乏刑德，三曰失於訓練，四曰非理興怒，五曰法令不行，六曰不擇驍果，此名六敗也。」

兵佈陣雜亂無章，因此而致敗的，叫做「亂」。將帥不能正確判斷敵情，以少擊眾，以弱擊強，作戰又沒有精銳先鋒部隊，因而落敗的，叫做「北」。以上六種情況，均是導致失敗的原因。這是將帥的重大責任之所在，是不可不認真考察研究的。

【延伸閱讀】

《孫子兵法》旨在勝利，在前面的章節裡面，孫子一直在闡述要想取得勝利，必須激勵士氣、分析地勢、占盡先機。在這一章裡孫子則正面論述了失敗，怎樣判斷失敗，什麼樣的情形會導致失敗。孫子簡單論述了六種導致失敗的原因，即「走」、「弛」、「陷」、「崩」、「亂」、「北」，失敗是將帥的重大責任，不能不認真考察。將帥要及時覺察失敗的先兆，及時把失敗消滅於萌芽。如果已經失敗了，就應該從失敗中吸取教訓，調整自己的帶兵狀態。

中國歷史上最大的農民起事運動——太平天國運動，在清政府的殘酷鎮壓下宣告失敗。太平天國運動的失敗，除了外界的打壓，起事首領們在獲得勝利後驕奢淫逸、內訌等也都是太平天國自身的致命傷。

太平天國在占領南京之後，大興土木。為了修建「天王府」，洪秀全動用了上萬軍民拆毀大批民房，天王府修建得「城周圍十餘里，城高數丈，內外兩重，外曰太陽城，內曰金龍城」「雕琢精巧，金碧輝煌」「五彩繽紛，侈麗無比」。其他各王也自選地點，修建宮殿，一個比一個奢華。洪秀全在太陽城裡廣納妃嬪，大行禮儀。在太平天國還不成氣候的時候，洪秀全就有妻妾十餘人。在永安突圍時，就增加到三十六人。建都南京之後，所納妃嬪達八十八人之多，另有宮女千餘人，可謂美女如雲。洪秀全在太陽城裡足不出戶，享盡榮華。

不僅如此，在節日和諸王壽辰的時候，大擺宴席，極盡奢華排場。在洪秀全生了第四個兒子後，大做慶祝活動，東王楊秀清下令前線將領蒐集奇珍異寶，押解回京以備天王登朝謝天之用。

後來，洪秀全的大權逐漸旁落，實權掌握在東王楊秀清的手裡。東王楊秀清見當時太平天國形勢大好，另有圖謀，假裝「天父下凡」，迫使天王封他為「萬歲」。韋昌輝與秦日綱發動兵變，在一天夜裡襲擊東王府，殺了楊秀清及其家屬、部將等兩千餘人。石達開因責備韋等濫殺，引起韋昌輝的不滿，當夜，石達開逃出城去，家人盡數被殺。石達開在城外聲討韋昌輝，得到了城外將士們的聲援。洪秀全沒有辦法，殺了韋昌輝以平民憤。這就是轟動的天京事變，自此內訌分裂不斷，甚至有串通投敵等荒唐事。

石達開在韋昌輝被殺之後回京主持大局，得到了將士、軍民的擁護，分裂局面得到了一定控制，但是又引起了洪秀全的猜忌，他百般牽制，甚至有意加害。石達開再次出京。

太平天國在得勝之後，從洪秀全起，諸王無不追求享樂，驕奢淫逸。至使朝綱敗壞，許多將領擁兵自重，斂財自肥，腐化墮落，甚至發生一連串叛變投敵的行為，從而瓦解了革命鬥志，加速了革命的失敗。洪秀全深深沉溺在「天父天兄」的幻境裡，失去了對現實的清醒認識。最終這場革命無可挽回地走向了失敗。

太平天國的失敗是領兵者的失敗，他們的腐化和墮落導致了最後的陷落。將領們本身的德性行事，導致如此具有規模的起事力量四分五裂。

第三章 地形者，兵之助也

【原文】

夫地形者，兵之助也①，料敵致勝，計險厄、遠近②，上將之道也。知此而用戰者必勝，不知此而用戰者必敗。故戰道必勝③，主曰無戰，必戰可也；戰道不勝，主曰必戰，無戰可也。故進不求名，退不避罪，唯民是保，而利合於主，國之寶也。

【注釋】

①兵之助也：可助用兵。

②計險厄、遠近：考察地形險易，估計路途遠近。

③戰道必勝：按戰爭規律必勝。

【名家點評】

地形者，兵之助也。杜牧曰：「夫兵之主，在於仁義節制而已；若得地形，可以為兵之助，所以取勝也。」

【譯文】

地形是用兵打仗的輔助條件。正確判斷敵情，考察地形險易，計算道路遠近，這是高明的將領必須掌握的方法。懂得這些道理去指揮作戰的，必定能夠勝利；不了解這些道理去指揮作戰的，必定失敗。所以，根據分析有必勝把握的，即使國君主張不打，堅持打也是可以的；根據分析沒有必勝把握的，即使國君主張打，不打也是可以的。所以，進兵不謀求勝利的名聲，退兵不迴避失利的罪責，只求保全百姓，符合國君利益，這樣的將帥才是國家的寶貴財富。

【延伸閱讀】

孫子在這一章中告誡領兵者：**在對敵作戰中地勢作為輔助條件的作用絕對不可忽視。在一切條件具備的情況下，能夠準確分析、利用地形，是勝利必要條件。**

在實際作戰中，將領在合理地分析了地形之後，有必勝的把握時，可以不用完全遵照國君的旨意。這是因為領兵作戰的將領不單單是為了圖一個忠君的名聲。在作戰的過程中，只有保全了百姓才能保全國家，從而也就保全了國君的利益，這樣的將領才是國家的寶貴財富。

西元前218年，英勇善戰的秦始皇為了完成統一大業，曾發兵南征百越之地。所謂「百越」，一般意義上也叫嶺南，就是指分布在現在的廣東、廣西地區的揚越、甌越、閩越、南越等越人部落。因楚國與百越相鄰，早在西元前223年，王翦在率軍滅楚國的時候就曾繼續南進，占領了嶺南的部分土地並置會稽郡。直到中原地區統一得差不多的時候，秦始皇再次派遣屠睢發兵五十萬，分兵五路進攻百越。在開始作戰的時候，秦始皇憑藉著自己強大的軍事實力初戰告捷。越人遭受重創，首領譯吁宋被殺。但是嶺南多山路，且天氣炎熱，多雨。秦軍糧草供應不及時，且不熟悉水戰，加上水土不服，士兵多被疾病困擾，戰爭形勢開始發生變化，越人熟悉地形，而且深諳水戰，他們趁秦軍疲憊不堪的時候，發起猛烈攻擊。秦軍大敗，「伏屍流血數十萬」，主帥屠睢也被殺死。無奈之下秦始皇只能暫時撤兵。

西元前217年年末的時候，決心收服南越的秦始皇吸取了上次失敗的教訓，先行解決糧草在戰爭中供給不足的情況，令監察御史著手開鑿水上的航運通道。接受了命令的史祿率領著軍隊和組織的民間力量，在今廣西興安縣開山築堤，穿越分水嶺，鑿深灕江上源河道，歷時三年終於成功開鑿出一條運河——靈渠。這條河把長江水系的湘江水和珠江水系的灕江水南北貫通起來，所有征戰南越的戰備物資都可以經過這條運河輸送出去，徹底解決了供給不足的難題。建成之後，秦始皇又增兵再次南征。準備充足的秦軍水軍將士所向披靡，擊潰了南越人的防守攻勢。秦始皇隨後統一了南北。

在以上秦始皇南征的事件中，秦始皇為了克服南越的地形特點，不惜花費三年之力，打通運糧河道，從而贏得了戰爭的勝利。地形的作用在此可見一斑。

第四章　知彼知己，知天知地，勝也

【原文】

視卒如嬰兒，故可以與之赴深谿①；視卒如愛子，故可與之俱死。厚而不能使②，愛而不能令，亂而不能治，譬若驕子，不可用也。知吾卒之可以擊，而不知敵之不可擊，勝之半也③；知敵之可擊，而不知吾卒之不可以擊，勝之半也；知敵之可擊，知吾卒之可以擊，而不知地形之不可以戰，勝之半也。

故知兵者，動而不迷④，舉而不窮⑤。故曰：知彼知己，勝乃不殆⑥；知天知地，勝乃不窮⑦。

【注釋】

①故可與之赴深谿：（士兵）可與將領共患難。深谿，危險之地。

②厚而不能使：厚待士卒而不能驅使。

③勝之半也：取勝只有一半的把握。

④動而不迷：行動不迷失方向。

⑤舉而不窮：措施變化無窮。

⑥殆：危險。

⑦勝乃可全：方可百戰百勝。

【譯文】

對待士卒像對待嬰兒，士卒就可以同他共赴患難之地；對待士卒像對待自己的兒子，士卒就可以跟他同生共死。如果對士卒厚待卻不能驅使，憐愛卻不能指揮，違法而不能懲治，那就如同嬌慣了的子女，是不可以用來同敵作戰的。只了解自己的部隊可以打，而不了解敵人不可打，取勝的可能

【名家點評】 

知彼知己，知天知地，勝也。

李筌曰：「人事、天時、地利，三者同知，則百戰百勝。」

蘇荀《審勢》：「天下之勢有強弱，聖人審其勢而應之以機。」

只有一半；只了解敵人可以打，而不了解自己的部隊不可以打，取勝的可能也只有一半；知道敵人可以打，也知道自己的部隊能打，但是不知道地形不利於作戰，取勝的可能性仍然只有一半。

所以，懂得用兵的人，他行動起來不會迷惑，他的戰術變化無窮。所以說：知彼知己，勝乃不殆；知天知地，勝乃可全。

【延伸閱讀】

在這一章中孫子闡述了用兵的基本原則，**即要善待士卒的同時，要能夠駕馭士卒，讓士卒可以拚死一戰。而駕馭的前提是了解，一個將領一定要充分了解自己士卒的具體情況，同時還要了解敵人的情況，以判定可不可以獲勝。**

在歷史上有一個很會用兵的人，他就是春秋時期的吳起。

吳起是衛國人，曾經向曾子求學，奉事魯國國君。齊國的軍隊攻打魯國，魯君想任用吳起為將軍，而吳起娶的妻子卻是齊國人，因而魯君懷疑他。當時，吳起一心想成名，就殺了自己的妻子，用來表明他不親附齊國。魯君最終任命他做了將軍，率領軍隊攻打齊國，把齊軍打得大敗。

魯國就有人詆毀吳起說：「吳起為人是猜疑殘忍的。他年輕的時候，家裡積蓄足有千金，在外邊求官沒有結果，把家產也花盡了，同鄉鄰里的人笑話他，他就殺掉三十多個譏笑自己的人，然後從衛國的東門逃跑了。他和母親訣別時，咬著自己的手臂狠狠地說：『我吳起不做卿相，絕不再回衛國。』於是就拜曾子為師。不久，他的母親死了，吳起最終還是沒有回去奔喪。曾子瞧不起他，和他斷絕了師徒關係。吳起就到魯國去，學習兵法來奉事魯君。魯君懷疑他，吳起就殺掉妻子表明心跡，用來謀求將軍的職位。魯國雖然是個小國，卻有著戰勝國的名聲，諸侯各國自然就要謀算魯國了。況且魯國和衛國是兄弟國家，魯君要是重用吳起，就等於背棄了衛國。」魯君聽到這番話後，疏遠了吳起。

這時，吳起聽說魏國文侯賢明，想去奉事他。文侯問李克說：「吳起這個人怎麼樣啊？」李克回答說：「吳起貪戀成名而愛好女色，然而要論帶兵打仗，就是司馬穰苴也比不上他。」於是魏文侯就任用他為主將，攻打秦國，奪取了五座城池。

吳起做主將，與最下等的士兵穿一樣的衣服，吃一樣的伙食，睡覺不鋪墊褥，行軍不乘車騎馬，親自背負著捆紮好的糧食和士兵們同甘共苦。有個士兵生了惡性毒瘡，吳起替他吸吮毒液。這個士兵的母親聽說後放聲大哭。有人說：「你兒子是個無名小卒，將軍卻親自替他吸吮毒液，你怎麼還哭呢？」這位母親回答說：「不是這樣啊，從前吳將軍替他父親吸吮毒瘡，他父親在戰場上勇往直前，死在了敵人手裡。如今吳將軍又給我兒子吸吮毒瘡，我不知道他又會在什麼時候死在什麼地方，所以我才哭。」

吳起在司馬遷的《史記》裡是一個目的性很強的人，他為了功名利祿不惜一切，但也確實是個懂得怎樣駕馭士兵的人。他能夠了解士兵的心態，知道怎樣能夠取得他們的信任，使他們戰鬥起來不惜生死。

在生活中，作為普通員工，工作起來也要了解自己的客戶，能夠逆向思考。

在一個房地產的銷售部有一群年輕的房地產經紀人，他們年輕且富有熱情，每天都主動與客戶溝通，同時積極參加培訓，有個員工表現積極，而且不怕吃苦，但是仍然業績平平，他很苦惱。這時他發現這樣一個女孩，她長得很普通，說起話來也是不快不慢，怎麼看都不像一個非常有說服力的人，但就是這樣的一個女孩，銷售業績非常好，他有意接近這個女孩，在和她相處得非常融洽了之後向她提出了這個困惑。

女孩笑著說她的銷售技巧只有一個：那就是設身處地的為客戶

著想，從他們的需要出發。真正急客戶之所急，想客戶之所想，這樣客戶就會信任你，願意和你溝通，如此一來銷售業績自然就提昇了。

能夠設身處地為別人著想，是銷售的致勝之道，也是與人和諧相處的祕訣。

第十一篇

九地篇

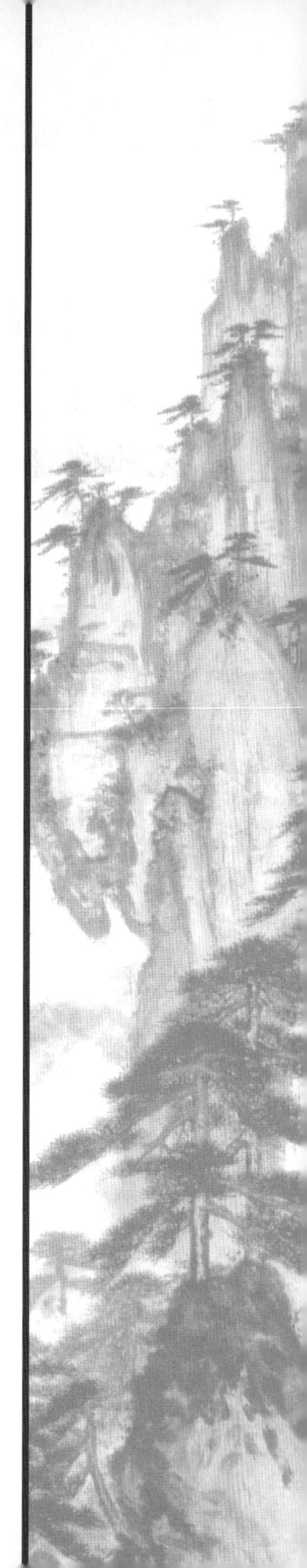

第一章 重地則掠，圮地則行，圍地則謀，死地則戰

【原文】

孫子曰：用兵之法：有散地①，有輕地②，有爭地，有交地③，有衢地，有重地，有圮地，有圍地，有死地。諸侯自戰其地，為散地。入人之地而不深者，為輕地。我得則利，彼得亦利者，為爭地。我可以往，彼可以來者，為交地。諸侯之地三屬④，先至而得天下之眾者，為衢地。入人之地深，背城邑多者，為重地。行山林、險阻、沮澤，凡難行之道者，為圮地。所由入者隘，所從歸者迂，彼寡可以擊吾之眾者，為圍地。疾戰則存，不疾戰則亡者，為死地。是故散地則無戰，輕地則無止⑤，爭地則無攻，交地則無絕⑥，衢地則合交⑦，重地則掠⑧，圮地則行，圍地則謀，死地則戰。

【注釋】

①散地：諸侯於其領地作戰，士兵思家易潰散。

②輕地：入敵國未深，士兵思家亦輕易退卻。

③交地：道路交錯，往來方便之處。

④三屬：三國交界之處。

⑤無止：不宜停留。

⑥無絕：聯絡不宜斷絕。

⑦合交：加強與諸侯國交往。

⑧掠：深入敵區，掠取糧草以維持補給。

【名家點評】

重地則掠。

李筌曰：「深入敵境，不可非義，失人心也。漢高祖入秦，無犯婦女，無取寶貨，得人心如此。

【譯文】

孫子說：按照用兵的原則，軍事上有散地、輕地、爭

地、交地、衢地、重地、圮地、圍地、死地。諸侯在本國境內作戰的地區，叫做「散地」。在敵國淺近處作戰的地區，叫做「輕地」。我方得到有利，敵人得到也有利的地區，叫做「爭地」。我軍可以前往，敵軍也可以前來的地區，叫做「交地」。多國相毗鄰，先到就可以獲得諸侯列國援助的地區，叫做「衢地」。深入敵國腹地，背靠敵人眾多城邑的地區，叫做「重地」。山林、險阻、沼澤等難於通行的地區，叫做「圮地」。行軍的道路狹窄，退兵的道路迂遠，敵人可以用少量兵力攻擊我方眾多兵力的地區，叫做「圍地」。迅速奮戰就能生存，不迅速奮戰就會全軍覆滅的地區，叫做「死地」。因此，處於散地就不宜作戰，處於輕地就不宜停留，遇上爭地就不要勉強強攻，遇上交地就不要斷絕聯絡，進入衢地就應該結交諸侯，深入重地就要掠取糧草，碰到圮地就必須迅速通過，陷入圍地就要設計脫險，處於死地就要力戰求生。

【延伸閱讀】

在本章中，孫子主要介紹了兩軍相交之地根據不同的情況有著不同的名稱，以及處於不同的情況下，所應採取的軍事策略。

在行軍打仗的過程中確實會遇到很多不同的地勢。精明的領兵者應該根據戰爭中出現的不同情況採取不同的戰略。透過靈活的方式進行戰爭。

隨著周王室逐漸衰微，各諸侯國一步步壯大自己的實力。鄭國就是其中之一。鄭莊公繼位後，憑藉國力強盛，不斷地向外擴張土地，侵伐諸侯，再加上強而有力的軍事武功，逐漸形成了唯我獨尊的「小霸」的局面。

隨著政治、軍事實力的成長，鄭莊公對周王室也越來越不放在眼裡。周鄭之間衝突漸起。繻葛之戰就是衝突激化的產物。

早在周平王在位時，周鄭之間就已經交惡，甚至互換質子。到了周桓王繼位後，對於鄭莊公的行為更加反感，後來把鄭國的土地收回來據為己有，取消鄭莊公的卿士地位。

鄭莊公大怒，從此也不再顧什麼君臣之禮，不再去朝覲周桓王，兩國的衝突到了一觸即發的地步。西元前707年秋天，周桓王終於不能忍受鄭莊公的犯上行為，親自率領周軍和徵調來的陳、蔡、衛等諸侯軍討伐鄭國。

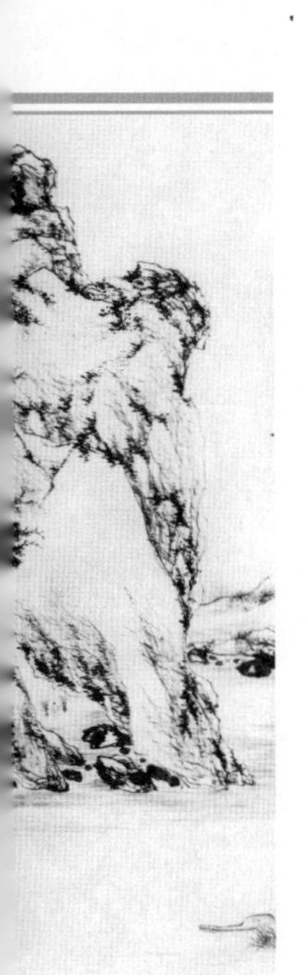

鄭莊公聽了消息後，便也統率大軍進行迎擊。沒多久，兩軍在繻葛相遇。雙方立即調兵遣將，列兵佈陣。周桓王將周室聯軍分為三軍：右軍、左軍、中軍，分別由卿士虢公林父、卿士周公黑肩指揮右軍和左軍。中軍則由桓王親自指揮。

鄭軍在了解了對方的部署後，做了相應的安排。他們也把鄭國軍隊分為三個部分：中軍、左拒（拒是力陣的意思）和右拒，中軍由鄭莊公親自率領。

戰爭還沒有開始之前，鄭國大夫公子元根據敵軍為聯軍的特殊情況，對敵情進行了正確的分析。他說，聯軍裡的陳國正發生動亂，所以他的軍隊不會有多強的鬥志，不如首先向陳軍所在的周左軍發起攻擊，陳軍肯定不堪一擊；而蔡、衛兩軍的戰鬥力也不怎麼樣，一定會先行潰退。因此，公子元向鄭莊公提出先攻擊周室聯軍不堪一擊的左右兩翼，最後再集中兵力攻擊周桓王親自率領的主力軍中軍。他的建議很有道理，鄭莊公表示同意。

而另一位鄭國大夫高渠彌則因為以往諸侯聯軍在和北狄作戰時，前鋒步卒被擊破，後續戰車失去掩護，最後導致根本不能出擊的教訓，提出要改變過去車兵、步兵合作作戰的落後兵陣編成「魚麗陣」用來對付敵人。所謂「魚麗陣」有這樣的特點——「先偏後伍」、「伍承彌縫」，就是把戰車布列在前面，將步兵散置於戰車兩側及後方，這樣形成步車合作配合、攻防靈活自如，兵車宛如一個整體。鄭莊公是一位開明的君主，也接受了高渠彌的這一戰術革新。

會戰開始後，鄭軍方面按照先前謀劃好計策，向周室聯軍主動發起猛烈的進攻，「旗動而鼓」，聲勢震天。鄭大夫曼伯奉命率領鄭右軍方陣率先向周室聯軍左翼的陳軍發起猛攻。陳軍果然沒有什麼鬥志，很快就落敗了，逃離戰場，周室左翼聯軍就被擊潰了。與此同時，祭仲也指揮鄭軍左方陣進攻周室聯軍的右翼部隊，蔡、衛軍的情況也不出所料，只是堅持了一陣子就紛紛敗退了。周軍主力中軍為潰兵所擾，亂了陣腳。鄭莊公看到了，立即搖旗命令進攻。祭仲、曼伯帶領的左右軍也乘機合擊，猛攻周中軍。失去左右兩翼掩護的周中軍根本不是對手，大敗後撤，周桓王本人也被箭射中，被迫停止戰鬥。

鄭軍官兵看到周師潰退，都非常振奮。祝聃等人希望乘勝追擊，擴大戰果，但鄭莊公認為「君子不欲多上人，況敢凌天子乎」？意思是周天子的地位雖然大不如前，但還是名正言順，有著殘存的威望，如果做得過分就會引起其他諸侯國的不滿。

在這場戰爭中，鄭莊公獲得勝利的因素有很多，但是能夠根據對方的兵力特點，及時制訂出切實可行的作戰策略是不可忽視的重要原因。

在生活和職場中，我們也要順時而動。針對具體的情況作出不同的判斷。根據事物不同的發展動向，採取不同的行動。只有這樣才能成為生活中的成功者。

第二章　先奪其所愛，則聽矣

【原文】

所謂古之善用兵者，能使敵人前後不相及，眾寡不相恃①，貴賤②不相救，上下不相收③，卒離而不集，兵合而不齊。合於利而動，不合於利而止。敢問：敵眾整而將來，待之若何？曰：先奪其所愛④，則聽矣。兵之情主速，乘人之不及，由不虞之道，攻其所不戒也。

【注釋】

①眾寡不相恃：主力與分支不能相互依靠。

②貴賤：指官、兵。

③上下不相收：上下不能相互聯絡。

④所愛：敵方所重視的。

【名家點評】

先奪其所愛，則聽矣。梅堯臣曰：「當先奪其所顧愛，則我志得行，然後使其驚撓散亂，無所不至也。」

【譯文】

從前善於指揮作戰的人，能使敵人前後部隊不能相互策應，主力和小部隊無法相互依靠，士兵之間不能相互救援，上下級之間不能互相聯絡，士兵分散不能集中，合兵佈陣也不整齊。對我方有利就打，對我方無利就停止行動。試問：敵人兵員眾多且又陣勢嚴整向我發起進攻，那該用什麼辦法對付呢？回答是：先奪取敵人最關心愛護的，這樣就聽從我方的擺布了。用兵之道貴在神速，要乘敵人措手不及的時機，走敵人意料不到的道路，攻擊敵人沒有戒備的地方。

【延伸閱讀】

孫子在這一章中首先談了對敵作戰時要盡量用各種辦法，分散敵人的作戰力量。但是如果棋逢對手，敵人的佈陣簡直無懈可擊的時候，該怎麼對付呢？孫子認為要「先奪其所愛」，意思是說奪取敵人最在乎的。把敵人最關心的控制住，那麼敵人就會被牽制。在奪敵所愛的時候，用兵一定要出其不意，速度還要快。

在春秋戰國時期，各諸侯國為了各自的利益相互混戰。西元前354年，魏王為了報趙國強佔中山郡之仇，打算派大將龐涓去攻打趙國。中山郡本來是魏國北面的一個小國，後來被魏國收服。趙國趁著魏國不防備的時候，派兵強佔了去。魏王一直對此耿耿於懷，意圖收復中山郡。

被委以重任的大將龐涓認為中山郡不過是彈丸之地，又距離趙國很近，不如直接進攻趙國的都城邯鄲。這樣既能報了仇，說不定又能奪取趙國的土地。魏王認為龐涓說得有理。於是立即撥了五百輛戰車，讓龐涓領兵直奔趙國的國都邯鄲而去。

趙國得到這個消息後，都很驚慌。趙王派人送信，向齊國求救，並承諾如果解了邯鄲之圍，就把中山郡劃給齊國。齊威王覺得值得一戰，就派田忌為大將，並起用從魏國救回來的孫臏為軍師。

孫臏很有軍事才能，他和魏國的大將龐涓曾經拜同一個老師學習兵法。龐涓深知自己的才能遠遠比不上孫臏，於是先把孫臏推薦給魏王，等到孫臏到了魏國之後，又設計陷害他，讓人挖去了孫臏的兩個膝蓋，並在臉上刺了字。孫臏知道真相後，裝瘋賣傻迷惑龐涓，後來伺機逃到了齊國。

如今孫臏和龐涓終於要相逢於戰場。在商量對敵之策的時候，田忌本來打算起兵直奔趙國的邯鄲，與魏國的大軍正面相對。但是孫臏認為：此次救趙就像要解開相互纏繞的繩子，齊軍不能陷身於混戰之中。要排解紛爭，應該先置身事外，看準要害，使雙方有所顧忌而自然分開。此時魏國傾全國之力攻打趙國，其國內一定空虛，不如直接攻打魏國，這樣龐涓一定先回師救魏，如果在路上設下埋伏，魏軍定敗無疑。田忌認為孫臏說得很有道理，就按照他的計策，直接發兵伐魏。龐涓果然迅速回師，在路上遭到了孫臏的伏擊。魏軍長途跋涉，又毫無準備，被齊軍大敗。龐涓勉強收拾殘部，無奈退回魏國的大梁。齊軍大勝，趙國也解了圍。

在圍魏救趙的戰役中，魏國一門心思想攻下趙國，而且為之投入了大量的人力和物力。但是相對於攻下趙國來說，魏國的安全才是龐涓及其軍隊最在乎的事。孫臏掌握時機，在半路設下埋伏，出其不意地攻擊魏軍，獲得了這次救援的大勝利。

在現實生活中，面對困難需要解決的時候，不要不加思考就盲目應戰。如果能抓住對方的弱點加以利用，事情就會有意想不到的轉機。

第三章　為客之道，深入則專

【原文】

凡為客①之道：深入則專②，主人不克③；掠於饒野，三軍足食；謹養而勿勞，並氣積力；運兵計謀，為不可測④。投之無所往，死且不北⑤；死焉不得⑥，士人盡力。兵士甚陷則不懼，無所往則固，深入則拘⑦，不得已則鬥。是故，其兵不修而戒，不求而得，不約而親，不令而信，禁祥去疑⑧，至死無所之。吾士無餘財，非惡貨也；無餘命，非惡壽也。令發之日，士卒坐者涕沾襟，偃臥者涕交頤，投之無所往，諸、劌⑨之勇也。

【注釋】

①客：入敵國作戰之客軍。

②深入則專：深入敵境，軍心專一。

③主人不克：被攻一方不能擊退來犯的軍隊。

④為不可測：使敵人難測動向。

⑤投之無所往，死且不北：置於無路可走之境，士卒寧死不退。

⑥死焉不得：不怕死則無不可得。

⑦深入則拘：深入敵國，軍心專一不渙散。

⑧禁祥去疑：禁迷信，去疑惑。

⑨諸、劌（ㄍㄨㄟˋ）：春秋時期吳國的勇士專諸、魯國的武士曹劌。

【名家點評】

為客之道，深入則專。李筌曰：「夫為客，深入則志堅，主人不能禦也。」

【譯文】

在敵國境內進行作戰的一般規律是：越深入敵國腹地，我軍軍心就越穩固，敵人就不易戰勝我們。在敵國豐饒地區掠取糧草，部隊供給就有了保障。要注意休整部隊，不要使其過於疲勞，保持士氣，養精蓄銳。部署兵力，巧設計謀，使敵人無法判斷我軍的意圖。將部隊置於無路可走的絕境，士卒就會寧死不退。士卒既能寧死不退，那麼他們怎麼會不殊死作戰呢！士卒深陷危險的境地，就不再存有恐懼，一旦無路可走，軍心就會牢固，深入敵境，軍隊就不會離散，遇到迫不得已的情況，軍隊就會殊死奮戰。因此，不須整飭就能注意戒備，不用強求就能完成任務，無須約束就能親密團結，不待申令就會遵守紀律，禁止占卜迷信，消除士卒的疑慮，他們至死也不會逃避。我軍士卒沒有多餘的錢財，並不是不愛錢財；士卒置生死於度外，也不是不想長壽。當作戰命令頒布之時，坐著的士卒淚沾衣襟，躺著的士卒淚流滿面，但把士卒置於無路可走的絕境，他們就都會像專諸、曹劌一樣的勇敢。

【延伸閱讀】

「為客之道，深入則專」中的「客」即去他國做客的士兵，這是一種委婉的說法，實際指的是去他國領土作戰的士兵。「深入則專」，越是深入敵國內部越是軍心穩固，別無旁騖。在這裡，孫子說的是把人置之於死地的作用，人都有一種潛能，在絕望的境地士兵反而會拋棄心中所有的顧慮，愈發英勇地作戰。

為大漢建基立業立下汗馬功勞的韓信在他的成名戰「井陘之戰」中，實現了以三萬新兵大勝趙二十萬精兵的神話。士兵們在井陘河邊，以一當十，背水一戰，歷來為兵家們研究和稱誦。

在西元205年，楚霸王項羽大敗劉邦於彭城（今江蘇徐州），項羽氣焰正盛。劉邦採納張良等人，正面防守、敵後騷擾、側面發展的作戰方針，命大將韓信開闢黃河以北的戰場，消滅北方的割據勢力。韓信順利收服了魏、夏，後率領新招募的三萬新兵向趙地進發。趙王歇和趙國大將陳餘聽說後立即率領號稱二十萬之師的軍隊，防守於井陘。陳餘手下的李左軍向陳餘建議：「韓信的部隊連續攻下了魏、夏，士氣正旺，不宜正面作戰。韓信千里行軍，糧食等作戰物資需要外運，不如帶一部分兵力切斷他們的糧道。而正面軍高築壁壘，拒不應戰，如此以逸待勞，漢軍不出十日不戰自潰。」而陳餘卻以「義兵不以詐謀奇計」拒絕了他。

韓信聽到消息後，暗自高興。當天夜裡，韓信命二千輕騎每人手拿一把紅旗，迂迴潛伏在趙軍大營，準備趁隙襲擊敵軍的大營。又命一萬人馬為先鋒，度過井陘口，背靠河水列兵佈陣。第二天清早，趙軍發現漢軍沒有退路的陣勢，都笑韓信不懂陣法。

韓信親率大軍打了過去，趙軍滿懷信心應戰。雙方激戰一陣子後韓信命將士們丟旗棄鼓，佯裝退敗。趙軍果然上當，追至河邊。不想漢軍見河無架樑，也無援兵，河水湍急，除了前進別無選擇。於是漢兵個個拚死廝殺，兩軍相持不下。二千輕騎趁著趙軍大營空虛無防守，輕鬆攻陷了敵軍老巢，並把自己的旗子插遍各個角落。等到趙軍想退回大營暫做休整時，才發現敵軍旗幟飄揚，大營被漢軍占領了。趙軍驚恐大亂，紛紛散逃，漢軍乘勝追擊，以三萬未經訓練的新兵大敗號稱二十萬兵力的趙軍之師。有人問：「兵法上說，要背山、面水列陣，這次我們背水而戰，居然打勝了，這是為什麼呢？」韓信說：「兵法上不是也說『陷之死地而後生，置之亡地而後存』嗎？只是你們沒有注意到罷了。」這亦是歷史上著名的「背水一戰」一詞之由來。

在戰後，韓信說他是利用了把軍隊置於絕望的境地，以激發軍隊的戰鬥力，結果成功了。

無論是在作戰中還是生活中，顧慮太多，左顧右盼，就不能一往無前，所向披靡。人的潛能是無限的，如果處於無路可走的情況下，人就會激發起全身細胞的活性，創造出無限的可能。

在《聊齋志異》中，有這樣一個故事。一農家有兄弟兩人，某

天這兄弟兩人去山中砍柴。兩兄弟砍完柴，打好捆，正要回家的時候，聽到地上有「嘶嘶」的響聲，兄弟兩人循著聲音找去，發現一條巨蟒追了上來，兄弟倆嚇得掉頭就跑，可是跑了沒幾步，巨蟒就上來吞了哥哥，哥哥的肩膀被吞了進去。弟弟拿著斧頭砍巨蟒的身體，巨蟒忍受劇痛，來回翻滾，弟弟就用力拉著哥哥的雙腿不放，和巨蟒爭奪。最後居然把哥哥拉了出來，巨蟒也負傷逃走了。

村裡人都很佩服弟弟的勇敢，弟弟說：「看到哥哥遭受大難，我一時為了救哥哥，就沒有想那麼多，拿起斧頭和大蛇拚鬥起來。」

生活中有些人在自己的工作職位上，已經擁有了一定的成績，但很難有進一步的飛躍，因為他們放不下自己已經擁有的成績，和已經得來的功名。在重重的顧忌中，讓自己的創造力和闖勁一點一點地消耗殆盡。在這種情況下，「深入則專」給予了我們很好的啟示，那就是讓自己無路可退，盡全力往前衝。

第四章　善用兵者，攜手若使一人，不得已也

【原文】

故善用兵者，譬如率然①。率然者，常山之蛇也，擊其首則尾至，擊其尾則首至，擊其中則首尾俱至。敢問：兵可使如率然乎？曰：可。夫吳人與越人相惡也，當其同舟而濟，遇風，其相救也如左右手。是故方馬埋輪，未足恃也②；齊勇若一，政之道也；剛柔皆得，地之理也。故善用兵者，攜手若使一人，不得已也。

【注釋】

①譬如率然：能使部隊自我策應如同率然蛇一樣。

②是故方馬埋輪，未足恃也：所以，想用縛住馬韁、深埋車輪這種顯示決心死戰的辦法來穩定部隊，是靠不住的。

【譯文】

善於指揮作戰的人，能使部隊自我策應如同率然蛇一樣。「率然」是常山的一種蛇，打牠的頭部，尾巴就來救應；打牠的尾，頭就來救應；打牠的腰，頭尾都來救應。試問：可以使軍隊像「率然」一樣嗎？回答是：可以。吳國人和越國人是互相仇視的，但當他們同船渡河而遇上大風時，他們相互救援，就如同人的左右手一樣。所以，想用縛住馬韁、深埋車輪這種顯示決心死戰的辦法來穩定部隊，是靠不住的。要使部隊能夠齊心協力，奮勇作戰如同一人，關鍵在於部隊管理有方。要使強弱不同的士卒都能發揮作用，在於

【名家點評】

善用兵者，攜手若使一人，不得已也。
梅堯臣曰：「用三軍如攜手使一人者，勢不得已，自然皆從我們揮也。」

恰當地利用地形。所以善於用兵的人，能使全軍上下攜手團結如同一人，因為客觀形勢迫使部隊不得不這樣做。

【延伸閱讀】

在本章中，孫子引用常山率然蛇形象地說明部隊應該呈現出來的作戰面貌。如部隊是由一個個獨立的人組成的隊伍，在作戰的時候應該像率然蛇一樣化為一個整體，靈活而又團結。能夠讓萬人同心的關鍵人物是領兵者，領兵者正確、開明、先進的管理方法不僅能夠使部隊上下一心，還能夠使士兵們的才能都得到發揮。千萬人團結一致，同仇敵愾，甚至作戰的時候心有靈犀，這樣的部隊將是神勇無敵、不可戰勝的。

相傳從前有一個國家叫吐谷渾國，國王阿豺有二十個兒子。他這二十個兒子個個都本領高強，難分高下。可是他們都自恃本領高強，不把別人放在眼裡，認為自己才是最厲害的那一個。這二十個兒子常常明爭暗鬥，見面就互相譏諷，在背後也總愛說對方的壞話。

阿豺見到兒子們互不相讓，很是憂心，他明白敵人若是利用兄弟不和睦的局面來各個擊破，那樣國家就危險了。阿豺常常利用各種機會和場合苦口婆心地教導兒子們停止互相攻擊、傾軋，要相互團結友愛。可是兒子們對父親的話從來都是陽奉陰違，表面上裝作遵從教誨，暗地裡依舊我行我素。

阿豺的年紀一天天老去，他明白自己時日無多。可是自己死後兒子們怎麼辦呢？如果沒有人調解他們之間的矛盾了，那國家不是要四分五裂了嗎？怎樣才能讓他們懂得應該團結起來呢？阿豺越來越憂心忡忡。

終於有一天，久病在床的阿豺預感到大限將到，他把兒子們召集到病榻前，吩咐他們說：「你們每個人都放一支箭在地上。」兒子們不知道父親到底是什麼意思，但還是照辦了。

阿豺叫來自己的弟弟慕利延說：「你隨便拾一支箭折斷它。」慕利延順手撿起身邊的一支箭，稍一用力，箭就斷了。阿豺又說：「現在你把剩下的十九支箭捆在一起，再試著折斷。」慕利延照著他說的話去做，抓住箭捆，使出了全身的力氣也沒能將箭捆折斷。

阿豺對兒子們語重心長地說：「你們都看到了，一支箭輕輕一折就斷了，可是合在一起的時候，就沒那麼容易折斷了啊！你們兄弟也是如此，如果互相鬥氣，單獨行動，很容易被人乘機擊敗，如果二十個人聯合起來，齊心協力，就可以堅不可摧，戰勝一切，這樣國家安全才有保障。」

兒子們終於領悟了父親的良苦用心，他們為自己過去的行為感到悔恨，他們流著淚說：「父親，我們明白了，您就放心吧！」

阿豺見兒子們真心悔過，放心地點了點頭，閉上眼睛安然離世了。

在一個團隊中，管理者如何培養一個團凝聚力呢？

首先，一個團隊要有一個共同的、值得奮鬥的目標，在共同實現目標的過程中，大家都應該有共同的價值觀和行為準則。這就需要團隊管理者不時引導，並制訂相應的行為規範。

第二，團隊管理者要以身作則。對於團隊的各種規定，領導者要以身體力行的方式去實踐，會勝過分強調的語言的百倍。在這樣做的同時，樹立自己的威信，從而達到管理的有效性。

第三，保持溝通管道的暢通。無論是員工之間還是上下級之間，無障礙的溝通會使團隊更融洽，工作氛圍更愉悅，如此會形成良性循環，在溝通中去除障礙，增加團隊凝聚力。

第五章 將軍之事，靜以幽，正以治

【原文】

將軍之事，靜以幽①，正以治②。能愚士卒之耳目，使之無知；易其事，革其謀，使人無識；易其居，迂其途，使人不得慮③。帥與之期④，如登高而去其梯；帥與之深入諸侯之地，而發其機⑤，焚舟破釜，若驅群羊，驅而往，驅而來，莫知所之⑥。聚三軍之眾，投之於險，此謂將軍之事也。九地之變，屈伸之利⑦，人情之理，不可不察。

【注釋】

①靜以幽：冷靜沉著、幽深莫測。

②正以治：治軍公正嚴明。

③不得慮：不知其行動意圖。

④帥與之期：主帥向部下下達任務。

⑤而發其機：如擊發弩機射出箭，可往而不可返。

⑥莫知所之：不知向何處去。

⑦屈伸之利：根據情況而攻防進退。

【名家點評】

將軍之事，靜以幽，正以治。

杜牧曰：「清淨簡易，幽滌難測，平正無偏，故能致治。」

【譯文】

統領軍事行動，要做到考慮謀略沉著冷靜而幽深莫測，管理部隊公正嚴明而有條不紊。要能蒙蔽士卒的視聽，使他們對於軍事意圖毫無所知；變更作戰部署，改變原定計劃，使人無法識破真相；不時變換駐地，故意迂迴前進，使人無從推測意圖。將帥向軍隊賦予作戰任務，要像使其登高而抽去梯子一樣。將帥率領士卒深入諸侯國土，要像弩機發出的箭一樣一往無前。對待士卒如驅趕羊群一樣，趕過去又趕過來，使他們不知道要到哪裡去。集結全軍，把他們置於險境，這就是統率軍隊的要點。九種地形的應變處置，攻防進退的利害得失，全軍上下的心理狀態，這些都是作為將帥不能不認真研究和周密考察的。

【延伸閱讀】

「將軍之事，靜以幽，正以治。」意思是說，一個將領統領軍事行動要考慮周全，謀略沉著而幽深莫測，管理部隊公正嚴明而有條不紊。

高明的將領在管理部隊的時候，首先注意的是公正嚴明，公正地對待士兵的功與過。對待有功的士兵進行獎賞是為了激勵，懲罰是為了警戒。

姜子牙和周武王曾經討論過如何治理軍隊，武王問：「將由何以立威？何以明察？何以禁止而令行？」姜子牙說：「四個字——信賞必罰。」

三國時期蜀漢之主劉備並不僅僅是會拉攏人心的君主，他統治的蜀漢之軍有嚴明的制度，賞罰分明。

對在戰爭中有功和有才能的將領，劉備慷慨大方，在生活上給予厚祿，在面子上也給予很大的榮光，滿足他們的物質需求和情感需求。且劉備在對待文臣武將方面沒有偏見，能夠對在戰場上奮勇殺敵的勇士論功行賞，同時也能夠對出謀劃策的謀臣封侯拜將。

赤壁之戰後，孫劉聯軍大獲全勝。劉備在荊州論功行賞，關羽被任命為襄陽太守、蕩寇將軍，鎮守荊州；張飛被任命為宜都太守、征虜將軍、新亭侯。因為兩人的戰功顯赫，其他將領心服口服，無上的榮耀也有力的激勵了他們。在滿足將領們功名的同時，劉備也對下屬賞以真金白銀。益州之戰大勝之後，劉備在資源充足的情況下，重賞有功之臣。諸葛亮、法正、關張等人，每人黃金五百斤、白銀千斤、錢五千萬、錦千匹，非常豐厚。

劉備在封賞軍功的時候，從不遲緩。但是將領們犯了錯誤的時候，劉備也從不護短，公正嚴明地進行懲戒。

劉封是劉備的義子，跟隨劉備征戰多年。雖然沒有多麼顯赫的戰功，但是從來都盡心不惜力。而且他力大無窮，英勇善戰，是一名虎將。但，劉封沒有聽從調遣，出兵救援關羽，同時因長期與孟達不和，致使孟達以此為藉口叛國降敵。

劉備沒有因為劉封義子的身分而姑息，忍痛殺了劉封。劉備顧全大局、大義滅親的做法，使軍中上下敬服，嚴肅了軍紀，也穩定了軍心，讓全體官兵更加擁戴。

五虎上將的猛張飛，性格粗暴，而且好喝酒，酗酒之後經常鞭撻士兵。有一次，張飛在喝醉後鞭打士兵被劉備碰上了，劉備命幾個士兵把張飛綁起來丟進水裡。等到了張飛酒醒了之後，劉備當面責備了他，並警戒他如果再犯就軍法處置。

正是因為劉備在統軍的時候，能夠公正嚴明地對待自己帳下的官兵，賞罰分明，才能讓三軍都忠心無二。

韓國三星集團享譽亞洲，創始人李秉哲被商界譽為「創業鬼才」。對於自己企業的員工，李秉哲有著獨到的管理模式。

在三星企業，人才是最受重視的。李秉哲信奉「人才第一」，他認為，要想使企業保持旺盛的生命力，就必須重視人才的培養和正確的管理。在管理的過程中，李秉哲從來不親疏有別，他一視同仁，獎罰無二。

三星集團採用責任制經營。有才能的人任之，舉賢不避親。三星集團還採用重獎制度。每一年都會拿出豐厚的獎金獎勵工作業績突出的人，在評獎的時候，從來不論資排輩。

在李秉哲對公司員工一視同仁的領導下，三星企業創造了一項又一項的佳績，逐漸發展壯大，享譽商界。

如果你想自己的團隊取得成績，團隊的成員們穩定且又有歸屬感，就必須公正嚴明，不偏私不袒護，樹立健康向上的團隊氛圍。

第六章　死地，吾將示之以不活

【原文】

凡為客之道：深則專，淺則散。去國越境而師者，絕地也。四達者，衢地也。入深者，重地也。入淺者，輕地也。背固前隘者，圍地也。無所往者，死地也。是故散地，吾將一其志；輕地，吾將使之屬①；爭地，吾將趨其後；交地，吾將謹其守；衢地，吾將固其結②；重地，吾將繼其食③；圮地，吾將進其塗④；圍地，吾將塞其闕⑤；死地，吾將示之以不活。故兵之情：圍則禦，不得已則鬥，過則從⑥。

【注釋】

①使之屬：隊伍相連，營壘相屬。

②固其結：與諸侯結盟。

③繼其食：保證軍糧供應。

④進其塗：迅速通過。「塗」同「途」。

⑤闕：「闕」同「缺」，指缺口。

⑥過則從：陷入險境，士卒無不聽從。

【譯文】

在敵國境內作戰的規律是：深入敵境則軍心穩固，淺入敵境則軍心容易渙散。進入敵境進行作戰的稱為絕地；四通八達的地區叫做衢地；進入敵境縱深的地區叫做重地；進入敵境淺的地區叫做輕地；背有險阻前有隘路的地區叫圍地；無路可走的地區就是死地。因此，在散地，要統一軍隊的意志；在輕地，要使營陣緊密相連；在爭地，要迅速出兵包抄到敵人的後面；在交地，就要謹慎防守；在衢地，就要鞏

【名家點評】

死地，吾將示之以不活。杜牧曰：「示之必死，令其自奮，以求生也。」

固與列國的結盟；入重地，就要保障軍糧供應；在圮地，就必須迅速通過；陷入圍地，就要堵塞缺口；到了死地，就要顯示死戰的決心。所以，士卒的心理狀態是：陷入包圍就會竭力抵抗，形勢逼迫就會拚死戰鬥，身處絕境就會聽從指揮。

【延伸閱讀】

《孫子兵法》在這一章中說，遇到不同地勢要採取不同的策略，在這幾種不同地勢當中，除了死地外都是有機可乘的，都有突破的缺口。但是如果遭遇死地怎麼辦呢？孫子的觀點是「死地，吾將示之以不活。故兵之情：圍則禦，不得已則鬥，過則從。」意思是說，到了死地就要顯示死戰的決心。所以，士卒的心理狀態是：陷入包圍就會竭力抵抗，形勢逼迫就會拚死戰鬥，身處絕境就會聽從指揮。

也就是置之於死地而後生，雖然士兵面對的是絕境，但如果將領有殺敵的決心和視死如歸的氣概，那麼士兵們也會異常團結和英勇地去拚死一戰，而事情的結果往往是絕處逢生，取得意想不到的勝利。

明朝末年，國力衰微，驍勇善戰的努爾哈赤頻頻犯境，令明朝的文臣武將聞風喪膽。

西元1626年初，努爾哈赤率軍六萬（號稱二十萬），挺進寧遠。明朝得到消息後，朝野震動，人心惶惶。兵部尚書王永光和眾臣商議退敵之策，無果。明經略高第盡撤關外戍兵，欲棄寧遠退守山海關。當時袁崇煥、孫承宗駐守寧遠，認為寧遠是戰略要地，堅持防守。明經略高第和總兵楊麒龜縮山海關，擁兵不救。其他領兵者要出關救援，被高第勒令退回。「關內援兵，無一至」，袁崇煥被迫獨守寧遠。努爾哈赤的大軍所到關外之城如入無人之境，所有城內官兵退守關內，八旗軍直奔寧遠而來。袁崇煥前有強敵後無救援，城中士卒不足兩萬人，但城中兵民「死中求生，必生無死」，誓與城共存亡。

袁崇煥在戰前和將士們分析敵情，認為八旗兵擅長城外野戰，且實力強大，寧遠是孤城，沒有援兵。只有揚長避短，憑堅城拚死固守，無論如何不出戰。袁崇煥守衛寧遠的要略是：孤守、死守、固守。袁崇煥攜眾將士歃血為盟，激以忠義，將士們群情激奮，誓死守禦寧遠。

袁崇煥高築戰台，架設多門紅衣大炮，並派人按城中的四個守衛點編派民夫，供給守城將士飲食。又派衛官裴國珍帶領城內商民運矢石，送彈藥。寧遠城中軍民一體，相互合作，同命運、共生死，共同抵抗禦後金進犯。袁崇煥還用重金獎賞勇士，同時嚴查奸細。一切準備就緒，袁崇煥令將士們偃旗息鼓，以靜制動。

戰役終於展開，後金的兵士們架上梯子蜂擁攻擊。明軍憑堅城固守，在城牆之上射箭發炮。萬矢齊射，箭鏃如雨注，懸牌似蝟皮。明軍充分發揮紅衣大炮的威力，以城護炮，以炮衛城。後金兵士雖死傷無數，但是前仆後繼，冒死不退，一部分士兵在死士的掩護下挖城掘牆，寧遠城的南城岌岌可危。袁崇煥身先士卒，緊要關頭負傷，他割下戰袍裹住受了傷的左肩，繼續戰爭。士兵們見此情景，更加奮勇爭先。袁崇煥令士兵們用蘆花棉被和火藥製成「萬人敵」，燒殺挖城牆的後金兵士，「火星所及，無不糜爛」。後金將士從清晨攻到深夜，死傷無數，屍體堆積幾乎沒過城牆。次日，努爾哈赤稍加整頓，再次進攻。但仍久攻不下。

寧遠之戰是努爾哈赤進軍明朝以來遭遇的第一次重大失敗，在寧遠大戰後，努爾哈赤曾經驚問道：「袁崇煥究竟是什麼人，居然能重傷我們的軍隊？」

此次戰役明顯是一次以弱勝強的戰役，在敵我軍力如此懸殊的情況下，袁崇煥能夠帶領軍民獲得勝利，究其原因，在誓死一戰的將領袁崇煥的帶領下，寧遠軍民退無可退，人人抱著必死一戰的決心，英勇奮戰，最終打敗看似不可戰勝的八旗軍。

生活中總會有突如其來的打擊讓我們絕望，總有一些意想不到的挫折讓我們措手不及。**面對挫折給我們帶來的死地困境，只要你不懼艱險，決心一戰，勝利就會出現。奇蹟就能降臨。**

第七章　並敵一向，千里殺將

【原文】

是故不知諸侯之謀者，不能預交；不知山林、險阻、沮澤之形者，不能行軍；不用鄉導者，不能得地利。四五者①不知一，非霸王之兵也。夫霸王之兵，伐大國，則其眾不得聚；威加於敵，則其交不得合。是故不爭天下之交，不養天下之權，信己之私②，威加於敵，故其城可拔，其國可隳③。施無法之賞，懸無政之令，犯三軍之眾④，若使一人。犯之以事，勿告以言；犯之以利，勿告以害。投之亡地然後存，陷之死地然後生。夫眾陷於害，然後能為勝敗。故為兵之事，在於順詳敵之意，並敵一向，千里殺將。此謂巧能成事者也。

【注釋】

①四五者：四加五為九，指九種地勢。

②信己之私：倚靠自己的力量。

③其國可隳：可摧毀敵國。隳（ㄏㄨㄟ），毀壞。

④犯三軍之眾：指揮三軍。犯，驅使。

【譯文】

不了解諸侯列國的戰略意圖，就不要與之結交；不熟悉山林、險阻、沼澤等地形情況，就不能行軍；不使用嚮導，就無法得到地利。這些情況如有一樣不了解，都不能成為稱王爭霸的軍隊。凡是霸王的軍隊，進攻大國，能使敵國的軍民來不及動員集中；兵威加在敵人頭上，能夠使敵方的盟國無法配合策應。因此，沒有必要去爭著同天下的諸侯結交，也用不著在各諸侯國裡培植自己的勢力，只要施展自己的

【名家點評】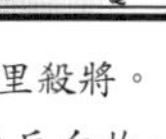

並敵一向，千里殺將。曹操曰：「並兵向敵，雖千里能擒其將也。」

戰略意圖，把兵威施加在敵人頭上，就可以奪取敵人的城邑，摧毀敵人的國都。施行超越慣例的獎賞，頒布不拘常規的號令，指揮全軍就如同驅使一個人一樣。向部下下達作戰任務，但不說明其中意圖；只告知利益而不指出危害。將士卒置於危地，才能轉危為安；使士卒陷於死地，才能起死回生。軍隊深陷絕境，然後才能贏得勝利。所以，指揮戰爭的關鍵，在於假裝順著敵人的戰略意圖，我方則集中兵力攻擊敵人一處，哪怕奔襲千里也可斬殺敵將，這便是通常所說的機智能成就大事。

【延伸閱讀】

「並敵一向，千里殺將。此謂巧能成事者也。」的意思是說：集中兵力，千里奔襲，斬殺敵將，這就是所謂巧妙用兵，實現克敵致勝的目的。無論是根據地勢靈活安排戰局，還是在身陷死地的時候，不顧一切地拚殺都需要一個「勇」字。在有希望獲勝的情勢下，兩軍相交無疑是狹路相逢勇者勝，在死地的時候，地勢的困境能夠幫將士們激發出勇猛。

不是所有的鯨魚都會生活在深海，藍齒鯨就是一種淺水動物，牠們生活的水深不超過四十公尺，如果牠游到一百公尺以下的深水區，三分鐘內牠們身體裡的氧氣就會耗盡。所以，深水區是藍齒鯨的危險區，一不小心就會葬身於此，在這三分鐘內藍齒鯨必須想辦法回到淺水區，否則必死無疑。

但是藍齒鯨的食物鼓嘴魚生活的水深就在一百公尺以下，所以，藍齒鯨每吃一頓飯，都只有三分鐘的時間，從牠生存的淺水區游到深水區就需要耗費一分鐘，所以，留給牠捕獵的時間就只剩下不到一分鐘，如果不能及時游回到淺水區，牠就會被憋死在那裡。

但是多少年下來，藍齒鯨卻生存繁衍，代代相傳。很少有藍齒鯨會因為捕食時間不夠憋死在深海。因為在這三分鐘裡，牠們發揮全部的潛能去提高自己的捕獵速度，以關乎生死的態度全力以赴，就這樣牠們在大海中生存繁衍了下來。

旱季，水鹿必須穿過草地去喝水，而承載著牠們生命之源的沼澤裡爬滿了鱷魚。如果水鹿放棄喝水，就不能生存，去喝水，就有可能被鱷魚吃掉。鱷魚捕獵的速度快的驚人，牠從棲身地撲向水面的速度一般不超過兩秒鐘，水鹿在發現危險後，必須在這兩秒鐘內跳開，否則，牠就會成為鱷魚的美味。

整個旱季，水鹿每天都會在這兩秒鐘之內掙扎在生死線上，但水鹿大都萬無一失，順利地喝到了水。因為牠們像藍齒鯨一樣，每次都會用盡全力，完成這一次次生命的挑戰。

我們每一個人的身體裡都有不可思議的潛能，在沒有壓力的情況下，每個人的潛能只能開掘很小的一部分。

如果人們能夠集中精神，下定決心做好某一件事，就一定能集中自己的全部精力和力量去完成它，直至獲得勝利。

第八章　踐墨隨敵，以決戰事

【原文】

是故政舉之日，夷關折符①，無通其使，厲於廊廟之上，以誅其事②，敵人開闔，必亟入之③，先其所愛，微與之期④，踐墨隨敵，以決戰事⑤。是故始如處女，敵人開戶；後如脫兔，敵不及拒。

【注釋】

①夷關折符：封鎖關卡，廢除通行憑證。

②厲於廊廟之上，以誅其事：於廟堂密議軍事策略。

③敵人開闔，必亟入之：敵有間隙，乘機而入。

④微與之期：不令敵約定交戰日期。

⑤踐墨隨敵，以決戰事：不墨守成規，應根據敵情變化而行事。

【名家點評】

踐墨隨敵，以決戰事。梅堯臣曰：「舉動必踐法度，而隨敵屈伸，因利以決戰也。」

【譯文】

因此，在決定發動戰爭的時候，就要封鎖關口，廢除通行憑證，不允許敵國使者往來，要在廟堂裡再三謀劃，作出戰略決策。敵人一旦出現可乘之隙，就要迅速乘機而入，首先奪取敵人的戰略要地，不要輕易與敵約期決戰。要靈活機動，根據敵情來決定自己的作戰行動。因此，戰爭開始之前要像處女那樣沉靜，誘使敵人放鬆戒備；戰鬥展開之後，則要像脫逃的野兔一樣行動迅速，使敵人措手不及，無從抵抗。

【延伸閱讀】

「是故始如處女，敵人開戶；後如脫兔，敵不及拒。」孫子用了兩個形象的比喻來說明部隊在備戰和作戰的時候應該呈現出來的狀態。

在戰爭中有的時候要以靜制動，但「靜」畢竟不是戰爭中的常態，所以「靜」是為了更好的「動」。

在戰國時期，趙國有一個很有名的將領叫李牧，可以說是個常勝將軍。趙國的北部邊境經常遭到匈奴的侵擾，為了抵抗匈奴，趙武靈王還修建了長城作為抵禦，但是仍然抵擋不住匈奴人的進攻。後來趙孝成王命李牧鎮守邊關。

在與匈奴作戰的時候，李牧採取的是堅守不戰的策略，以守代攻。但探得敵軍來犯，李牧就收拾物資撤到城內。無論匈奴人怎樣叫囂，都堅絕不出門應戰，同時，他還命令將士們不准私自擊殺匈奴，如有違反的人，就軍法處置。另外李牧加緊訓練士兵。雖然幾年下來，趙國沒有什麼損失。但是匈奴人都認為李牧是膽小鬼，不敢出門應戰。就連李牧手下的將士們也都悄悄地議論，李牧不敢應戰。消息傳到了趙王的耳朵裡，趙王也認為李牧只是龜縮不戰，實在有辱趙國威武的名聲。

於是趙王就調回了李牧，另外派了一員將領代替他。新任的將領來到邊關之後，一股匈奴軍來騷擾，他馬上派一隊人馬出門應戰。匈奴人是遊牧民族，他們非常善於馬上作戰。結果趙軍一出城就被匈奴人打敗了。接下來，每次匈奴人來犯境，趙軍都出戰，但是每次都傷亡很大，百姓們也受到了侵擾。最後趙王只好召李牧重新鎮守邊境，李牧向趙王要求，必須依照自己的想法來對付匈奴，趙王答應了。

回到北部邊境之後，李牧又恢復了以前的做法，靜守不出，加緊訓練士兵。同是不斷地派人偵察匈奴人的動向，掌握軍情。

就這樣過了幾年，將士每天訓練，盼望著能有一天可以出城門與匈奴人決一死戰。而匈奴人也認定李牧沒有什麼真本事，是個懦弱的人。

李牧看到時機成熟了，就準備一戰。他精選了戰車一千三百輛，又挑選出精壯的戰馬一萬三千四、勇敢善戰的士兵五萬人、優秀的射手十萬人，並把挑選出來的車、馬、戰士統統嚴格編隊，進行戰鬥訓練。然後讓一小部分士兵假扮成村民漫山遍野地去放牧，以誘惑匈奴人。果然有一小股匈奴士兵來掠奪，李牧派兵攻擊他們，沒戰多久就假裝失敗，往回逃跑，丟下了千百隻牛羊。匈奴人一看，非常高興，認為是個一舉殲滅李牧的好時機，就帶領了大軍來戰。李牧早就由探子那裡聽到了消息，他命人在匈奴來的路上埋伏了精兵。匈奴單于大軍來到，還沒有列陣準備好，李牧就下令出擊。已經期待已久的將士們個個奮勇殺敵。匈奴人本來就非常輕視李牧，此次來只不過是想搶更多的財物，突如其來的拚殺讓他們陣腳大亂。李牧看準時機，命埋伏的兩翼騎兵突然夾擊。匈奴大敗，狼狽逃命。李牧又乘勝追擊，殺得匈奴人不敢來犯。從此趙國北部邊境安定了十餘年。

李牧在對付匈奴的侵犯時，待勢而動，動靜相宜。在時機不成熟、趙國兵力尚且不是匈奴人的對手時，李牧堅守不戰，積極訓練士兵。經過長時間的養精蓄銳，一旦時機成熟，李牧攜部隊奮勇殺出，贏得了決定性的勝利。

在日常生活和職場中，我們也要懂得隨機應變，不局限於常規，才能創造出更大的成就。

第十二篇 火攻篇

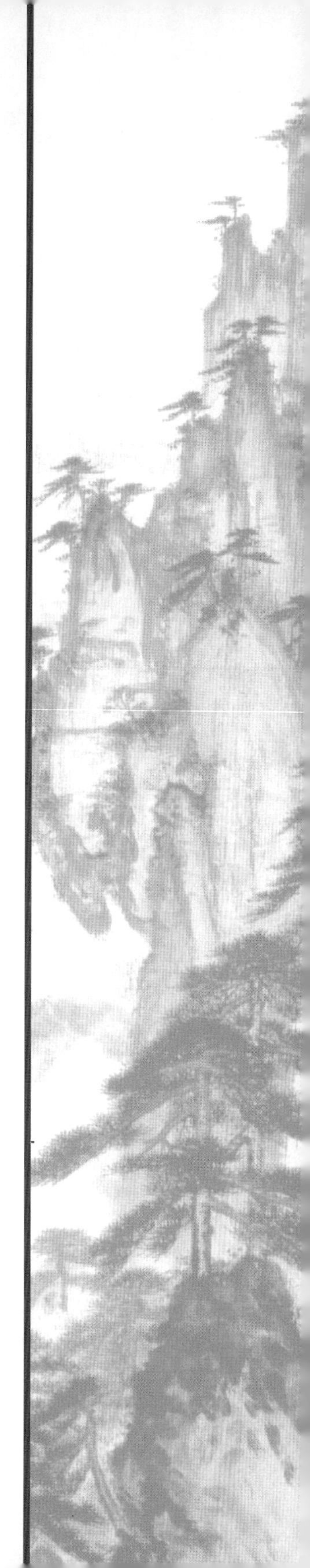

第一章 凡此四宿者，風起之日也

【原文】

孫子曰：凡火攻有五：一曰火人[①]，二曰火積[②]，三曰火輜[③]，四曰火庫[④]，五曰火隊[⑤]。行火必有因[⑥]，煙火必素具。發火有時，起火有日[⑦]。時者，天之燥也；日者，月在箕、壁、翼、軫[⑧]也。凡此四宿者，風起之日也[⑨]。

【注釋】

①火人：焚燒敵軍人馬。火，此處作動詞用，焚燒的意思。

②火積：焚燒敵軍的糧草。積，積聚、積蓄，此處指糧草。

③火輜：焚燒敵軍的輜重。

④火庫：焚燒敵軍的物資倉庫。庫，倉庫。

⑤火隊：焚燒敵軍運輸設施。

⑥行火必有因：指實施火攻必須具備一定的條件。行，實施。因，原因，此處指進行火攻的必備條件。

⑦發火有時，起火有日：應當根據天時條件而實施火攻。

⑧箕、壁、翼、軫：中國古代星宿的名稱，是二十八宿中的四個。其中，箕屬東方蒼龍七宿之一，壁屬北方玄武七宿之一，翼、軫屬南方朱雀七宿。

⑨凡此四宿者，風起之日也：凡月亮行經這四個星宿時，正是起風（便於火攻）的時候。

【譯文】

孫子說：火攻共有五種形式，一是火燒敵軍人馬，二是焚燒敵軍糧草，三是焚燒敵軍輜重，四是焚燒敵軍倉庫，五是火燒敵軍運輸設施。實施火攻必須具備條件，火攻器材必須隨時準備。放火要看準天時，起火要選好日子。天時是指氣候乾燥，日子是指月亮行經「箕」、「壁」、「翼」、「軫」這四個星宿所在位置的時候。月亮經過這四個星宿的時候，就是起風的日子。

【名家點評】

凡此四宿者，風起之日也。

杜牧曰：「宿者，月之所宿也。四宿者，風之使也。」

【延伸閱讀】

在冷兵器時代，火攻是一種很重要的作戰方式。火攻可以節省我方兵力，有效地打擊敵方兵力。《孫子兵法》正面系統地闡述了火攻，火攻有火人、火積、火輜、火庫、火隊五種方式，在作戰的時候只要相應的條件具備，就可以發動火攻來幫助部隊的正面進攻。

孫權奪取荊州並殺了關羽，把關羽的頭割下來送給曹操。張飛因痛失關羽，醉酒鞭打士兵，被手下的兩個末將刺殺。劉備痛失多年的好兄弟，發兵伐吳，誓要替關羽報仇。吳國的將領陸遜知道蜀軍銳氣正盛，於是堅守不戰。但是劉備報仇心切，不肯撤兵，雙方成對峙之勢。蜀軍是遠征，軍備物資都是從遠處運來的。吳兵又不肯應戰，時值酷暑，天氣炎熱，蜀兵漸漸顯出懈怠，士氣低落。劉備為了緩解軍隊的酷熱之苦，就命大軍移到山林中安營紮寨，躲避暑熱。陸遜經過觀察，發現蜀軍紮營四十里，都用木柵相連，最宜用火攻破敵。於是在某個刮東南風的夜晚命士兵兵分三路，一路用船裝茅草從水中進軍，一路進攻北岸，另一路士兵手執茅草，內藏硫黃，帶上火種，到了蜀營順風放火。蜀軍爭相

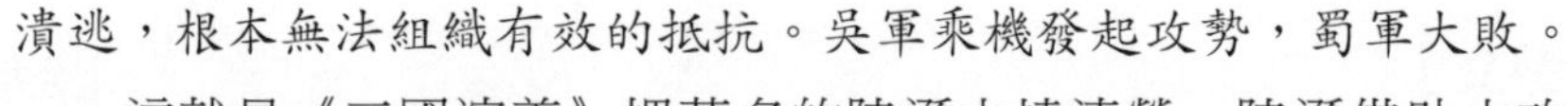
潰逃，根本無法組織有效的抵抗。吳軍乘機發起攻勢，蜀軍大敗。

這就是《三國演義》裡著名的陸遜火燒連營。陸遜借助火攻攻破蜀軍，決定了猇亭之戰蜀敗吳勝的結果。

《三國演義》裡有多處採用火攻的戰役，值得注意的是，火攻是一種戰略，要和兵攻結合在一起。火攻是前奏，兵攻才是主要目的。但是火攻的作用不可忽視，能夠為兵攻造成有利的戰機。

在現實生活中一個人要獲得成功也要借助別人的力量，借助的目的是讓自己更強大，更完美。有的時候能夠得到一個真誠卻不那麼順耳的建議是無上珍貴的。

所以有的時候，有人對你苛刻要求也許並不是一件壞事，我們能夠在煉獄的三昧真火中淬煉成金。

事實上，一個人在生活中，都不是完美的，如果能夠虛心聽取他人意見，接受不同聲音，則是完善自我的捷徑。所以每個人都應該以寬大的胸懷，明晰的眼光對待不同聲音。

第二章　凡火攻，必因五火之變而應之

【原文】

凡火攻，必因五火之變而應之①。火發於內，則早應之於外②。火發兵靜者，待而勿攻；極其火力，可從而從之，不可從而止。火可發於外，無待於內③，以時發之。火發上風，無攻下風④。晝風久，夜風止。凡軍必知有五火之變，以數守之⑤。故以火佐攻者明，以水佐攻者強；水可以絕，不可以奪⑥。

【注釋】

①必因五火之變而應之：因，根據、利用。應，策應、接應、採取對策的意思。

②早應之於外：及早派兵在外面進行策應。

③無待於內：不必等待內應。無，無須、不必。內，內應。

④火發上風，無攻下風：上風，風向的上方。下風，風向的下方。梅堯臣注：「逆火勢，非便也。」

⑤以數守之：數，星宿運行度數，此處引申為實施火攻的條件。守，等待、等候。此句意為等候具備火攻的條件。

⑥不可以奪：奪，這裡指焚毀敵人的物資器械。

【譯文】

凡用火攻，必須根據五種火攻所引起的不同變化，靈活部署兵力策應。在敵營內部放火，就要及時派兵從外面策應。火已燒起而敵軍依然保持鎮靜，就應等待，不可立即發起進攻。待火勢旺盛後，再根據情況作出決定，可以進攻就

【名家點評】

凡火攻，必因五火之變而應之。
梅堯臣曰：「因火為變，以兵應之。」

進攻，不可進攻就停止。從外面放火，就不必等待內應，只要適時放火就行。從上風放火時，不可從下風進攻。白天風刮久了，夜晚就容易停止。軍隊都必須掌握這五種火攻形式，等待條件具備時進行火攻。用火來輔助軍隊進攻，效果顯著；用水來輔助軍隊進攻，攻勢必能加強。水可以把敵軍分開隔絕，但卻不能焚毀敵人的軍需物資。

【延伸閱讀】

在本章的結尾，孫子簡單提到了類似於火攻的水攻，而且孫子點出了兩者的不同，用水來輔助軍隊進攻，攻勢必能加強，水可以把敵軍分開隔絕，但卻不能焚毀敵人的軍需物資。水可以增加攻勢，但是它的毀壞性不如火攻。

「凡火攻，必因五火之變而應之。」意思是說：凡用火攻，必須根據五種火攻所引起的不同變化，靈活部署兵力策應。

元末，朱元璋南征北戰打天下，雄踞江南的陳友諒是朱元璋的勁敵，兩人在鄱陽湖上展開生死大決戰。

兩軍在康郎山（今江西鄱陽湖內）湖面遭遇。當時陳友諒的水軍首尾相連數十里，陣勢強大，氣勢奪人。朱元璋根據敵軍的佈陣特點，將己方艦船分為二十隊，每隊都配備不同的兵器，下令各隊接近敵艦時，先發火器，次用弓弩，靠近敵艦時再用短兵器進行格鬥。雙方隨即展開激戰。朱軍大將徐達率領戰船勇猛衝擊，擊敗陳軍前鋒，斃敵一千五百人，繳獲巨艦一艘。俞通海乘風發炮，焚毀陳軍二十餘艘艦船，陳友諒的部隊死傷無數。但朱軍也是傷亡慘重。戰鬥到此，雙方相持不下。

又過兩日，朱元璋親自領兵出戰，但是面對陳友諒嚴謹的陣勢和龐大的戰船，朱軍艦小接連受挫，朱元璋苦思退敵之策，最後採用了部將郭興的建議，決定用火攻。

黄昏的時候，湖面刮起了東北風，朱元璋挑選了幾名勇猛士兵，駕駛七艘漁船，船上裝滿了火藥和柴草，在逼近敵船的時候趁風點燃。小船趁著東風衝向陳友諒的艦群，一時風借火勢，迅速蔓延，湖水盡赤。陳軍死傷過半，陳友諒的兩個兄弟及大將陳普略均被燒死，陳軍數百艘巨艦被燒毀。

接下來的兩日，兩軍再戰。朱軍將領俞通海等人率領六艦突入陳軍艦隊，勇敢馳騁，勢如游龍，如入無人之境，朱軍士氣大振，發起猛烈攻擊。陳友諒的軍隊漸漸不支，只好退守，保持實力不敢再戰。朱元璋乘勝追擊，兩軍交戰三天。陳軍有兩將見大勢已去，投降了朱軍。陳軍軍心動搖，陳友諒又氣又惱，下令把抓到的俘虜全部殺掉以洩憤。朱元璋見此情景，以攻心為上，把俘虜全數奉還，深得人心。陳友諒隊伍士氣低落，內部分裂。

朱元璋再次進攻，斷了陳軍的突圍之路，兩軍再次交戰一個多月，陳友諒冒死突圍，但遭朱軍以舟師、火筏四面猛攻和伏兵阻擊。陳友諒中箭而死，軍隊潰敗，五萬餘人投降。

在戰場上朱元璋採用多種方法，擊敗敵方。在商戰，同樣可以運用剛柔並濟的手段取得成功。

英國友尼利福公司的負責人柯爾有一條重要的經營之道，那就是「不拘束於體面，而以相互得利為前提」。

根據這一信條，他在企業經營和生意談判中常常據實而動，或退或進不一而足。在商戰中，人們往往注重進攻，但是柯爾在一定情況下，甘願妥協退步採取退讓策略。但是很多時候，退讓政策反而為自己贏得了發展時機，最終還是自身獲益。

友尼利福公司在很早的時候就在非洲東海岸設有子公司，而且頗具規模。那裡有豐富的肥料，並非常適合栽培食用油原料落花生，是一塊難得的寶地，也是公司財政收入的主要來源之一。

第二次世界大戰結束後，非洲民族獨立運動轟轟烈烈地展開了。友尼利福這些寶地也成片成片地被非洲國家沒收，導致公司陷入很大的危機。面對這種形勢，柯爾對非洲子公司發出了六條指令：

第一，迅速啟用非洲人參與到子公司的管理高層。

第二，取消黑人與白人的薪資差異，實行同工同酬。

第三，未來培養非洲人幹部，在尼日利亞設立經營幹部培養所。

第四，採取平等雙贏、互相受益的政策。

第五，不可操之過急，以逐步尋求生存之道。

第六，不可拘束體面問題，而應以創造最大利益為要務。

柯爾在與加納政府的接洽中，為了充分表達自己對對方的尊重以獲得當地政府的好感，主動把自己的栽培地提供給加納政府。這一招果然奏效，為了報答他，加納政府食用油原料買賣交由友尼利福公司獨家代理。

這就意味著柯爾在加納享有專利權。後來柯爾在和幾內亞政府的交涉中，甚至表示自己把公司撤走。他的坦誠讓幾內亞政府深受感動，反而請柯爾留下來，使公司在幾內亞繼續經營下去。就這樣，柯爾的公司平安度過了難關。

在生意場中，在必要的時候步步緊逼，不放過任何一個機會，但是有的時候也要適當退讓，退讓的時候要有度量，要充分掌握對方的心理狀態，並確認自己有能掌控局勢的能力。

第三章　明君慎之，良將警之

【原文】

夫戰勝攻取，而不修其功者，凶[①]，命曰「費留」。故曰：明主慮之[②]，良將修之，非利不動[③]，非得不用[④]，非危不戰[⑤]。主不可以怒而興師[⑥]，將不可以慍[⑦]而致戰；合於利而動，不合於利而止。怒可以復[⑧]喜，慍可以復悅，亡國不可以復存，死者不可以復生。故明君慎之，良將警之[⑨]，此安國全軍之道也[⑩]。

【注釋】

①而不修其功者，凶：如不能鞏固勝利成果，則有禍患。凶，禍患。

②明主慮之：慮，謀慮、思考的意思。

③非利不動：沒有利益就不行動。

④非得不用：不能取勝就不要用兵。得，取勝。用，用兵。

⑤非危不戰：不到危急關頭不輕易開戰。危，危急、緊迫。

⑥主不可以怒而興師：主，指國君。以，因為、由於。

⑦慍：惱怒、怨憤。

⑧復：重複、再度的意思。

⑨故明君慎之，良將警之：慎，慎重、謹慎。警，警惕、警戒。之，指用兵打仗。此句意為國君與將帥當以十分謹慎的態度對待戰爭。

⑩此安國全軍之道也：這是安定國家、保全軍隊的根本道理。安國，安邦定國。全，保全。

【譯文】

凡打了勝仗，攻取了土地城邑，而不能鞏固戰果的，

【名家點評】

明君慎之，良將警之。張預曰：「君常慎於用兵，則可以安國；將常戒於輕戰，則可以全軍。」

會很危險，這種情況叫做「費留」。所以說：明智的國君要慎重地考慮這個問題，賢良的將帥要嚴肅地對待這個問題。沒有好處不要行動，沒有取勝的把握不能用兵，不到危急關頭不要開戰。國君不可因一時憤怒而發動戰爭，將帥不可因一時的氣憤而出陣求戰。符合國家利益才用兵，不符合國家利益就停止。憤怒可以重新變為歡喜，氣憤也可以重新轉為高興，但是國家滅亡了就不能復存，人死了也不能再生。所以，對待戰爭，明智的國君應該慎重，賢良的將帥應該警惕，這是安定國家和保全軍隊的基本道理。

【延伸閱讀】

「故明君慎之，良將警之，此安國全軍之道也。」意思是說：對待戰爭，明智的國君應該慎重，賢良的將帥應該警惕，這是安定國家和保全軍隊的基本道理。對待戰爭，君主和將軍都應該慎重，因為發動一場戰爭，不論勝負，都會有人員傷亡和物資的損耗。

所以戰爭一定要有所得，才有實施的意義。但在歷史上因一時憤怒而發兵的將帥也不在少數，安銓就是其一。

明洪武十五年（西元1382年），現在的尋甸由仁德府改為尋甸軍民府，當地部族首領安陽被朝廷封為世襲統治官員，並將為美、歸厚劃分給他管轄。為加強統治，朝廷在關索嶺上興修了名為木密的千戶守禦所，駐紮朝廷部隊。這樣的模式延續了一百多年。到了成化十二年（西元1476年），安氏家族為了承襲氏族統領一職，起了內訌。明王朝趁這個機會削弱了他們的權力，改派流官，降安氏為「馬頭」。儘管安氏心裡不舒服，但懾於朝廷的兵力，並沒有過多的舉動。

嘉靖六年（西元1527年），朝廷的流官知府因「馬頭」安銓徵糧不力，將安銓的妻子鳳氏拘於獄中，並命人將鳳氏的衣服脫去，赤裸鞭打。安銓得知後怒火中燒，而被鞭打的鳳氏其叔父鳳朝文在祿勸的鳳家城位高權重，兩人因此結盟在一起，發動了叛亂。

安銓在尋甸率眾起來反抗，他熟悉地形，為屬民所擁護，先後進攻嵩明、馬龍二州及木密千戶守禦所，勢如破竹，衝進守禦所殺了指揮王升、趙倖、馬聰等朝廷流官。

之後，安銓和鳳朝文率兵兩萬挺進昆明，並在嘉靖七年（西元1528年）火燒昆明西門。為平定叛亂，朝廷命兵部尚書伍文定調集湖廣、四川、貴州及雲南元江、蒙化、鎮沅土司兵討伐，並借助鳳氏家族瞿氏在彝族中的聲望，發出彝文詔書安撫屬民。在朝廷的全力反撲下，鳳朝文兵敗逃往東川，途中被殺。在亂戰中安銓不知鳳朝文被害，他投奔到鳳朝文妻兄何志處，再作打算。何志怕引火焚身，偷偷地舉報了安銓。結果安銓被殺，其部下被斬首兩千多人，族屬多數被殺害。

安銓最初並沒有反叛之心，但是因妻子被辱，於心有所不甘，衝冠一怒為紅顏，沒有如虎勢般的叛亂行動和取勝的把握就發動了叛亂，最終落得身首異處。

在現實生活中，每一個人都有急火攻心的時候。職場中應該怎樣面對自己內心洶湧澎湃的情緒和他人的怒火呢？

職場中的每個人都有自己的壓力。面對待遇不公，對同事不滿，對上司有意見。有的時候實在是忍無可忍。控制不住，但是無論你受多麼大的不公，都應該明白，不顧一切地發火，可能會置自己於不利的境地。

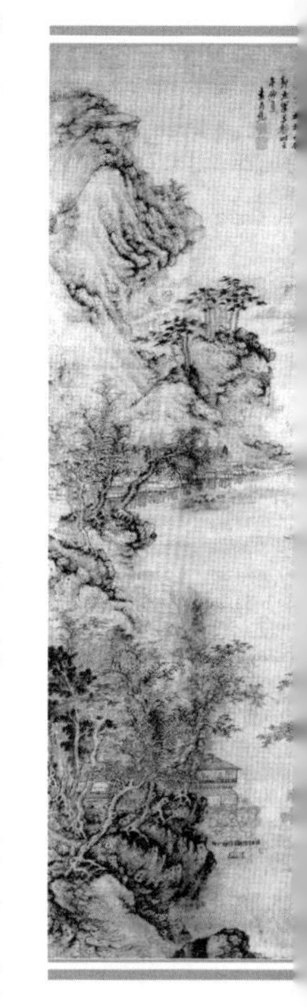

香港著名演員劉德華曾經在一次採訪中說過：發脾氣的時候能夠解決問題你可以發脾氣，但是如果你發脾氣仍然解決不了問題的時候，你發火做什麼呢？但是如果你的怒火確實無法平息，而且確實需要適當表現一下不滿的時候，你應該注意三點：

一，找到事件的本質：在不平事中找對關鍵的環節和恰當的人，你直接和事件的關鍵人物對話。不要亂發脾氣，對身邊的人亂攻擊。哪怕是你最好的朋友，他也不欠你的。沒由來洩憤會傷害感情，久而久之會眾叛親離。

二，要有理有據：在決定要表達自己的不滿後，首先要已知證據確鑿。發怒前最好說明你的發怒理由。大部分的人都是講道理的，也許在事件的背後有一個很大的誤會。在你說明原因之後就冰釋前嫌。

三，要掌握分寸：在發怒前你要清楚你要把事態發展到什麼地步。如果發怒的對象是上司，分寸把握不好你會被掃地出門。如果是同事，則不但不會解決問題，還會把關係鬧僵，使自己以後的處境尷尬。

把自己的怒火處理好，同時也要冷靜巧妙地處理對方不滿的情緒。如果處理的好，也許會給自己帶來商機。

一天，一個商場的老闆到自己的商場暗中巡視，想以顧客的身分發現自己經營的漏洞。在巡視的過程中，他偶然聽到了兩位顧客抱怨衛生紙卷太大。聽到後他感覺簡直匪夷所思，就追上去問顧客，卷大量多代表商品實惠，難道不好嗎？兩位顧客的一番敘述讓老闆恍然大悟，原來顧客是一個旅館的採購人員，由於旅館接待的客人素質較低，放到廁所裡可用幾天的衛生紙，經常當天就沒了，這造成了旅館管理成本的上升。

這位商場老闆在認真聽完顧客抱怨的原因後，立即從造紙廠訂購了大量小卷衛生紙，並派人送貨上門，到低檔旅館去推銷，結果廣受歡迎。

不管是別人的怒火也好，還是顧客小小的抱怨也好，都可能有真誠的意見在裡面，如果能夠正確理性地對待，小可提高自身的素質，大可發現裡面蘊含的商機。

正確對待負面意見，是一個成熟智慧的職場人的標誌。

第十三篇

用間篇

第一章 不知敵之情者，不仁之至也

【原文】

孫子曰：凡興師十萬，出征千里，百姓之費，公家之奉，日費千金；內外騷動，怠於道路，不得操事者七十萬家①。相守數年，以爭一日之勝，而愛爵祿百金，不知敵之情者②，不仁之至也，非人之將也，非主之佐也，非勝之主也。

【注釋】

①不得操事者七十萬家：據說古時一家從軍，七家奉之。舉十萬之師，則不專事耕稼者達七十萬家。

②愛爵祿百金，不知敵之情者：吝惜官職錢財，不（用間諜以）了解敵情。

【名家點評】

不知敵之情者，不仁之至也。

李筌注：「惜爵賞，不與間諜，令窺敵之動靜，是為不仁之至也。」

【譯文】

孫子說：凡興兵十萬，征戰千里，百姓的耗費，國家的開支，每天都要花費千金。前後方動亂不安，戍卒疲備地在路上奔波，不能從事正常生產的有七十萬家。這樣相持數年，就是為了決勝於一旦，如果吝惜爵祿和金錢，不肯用來重用間諜，以致因為不能掌握敵情而導致失敗，那就是不仁到極點了。這種人不配做軍隊的統帥，算不上君王的輔臣，也不是勝利的掌握者。

【延伸閱讀】

《孫子兵法》在最後篇章專門談論了間諜的工作。間諜是戰爭中用來知彼的重要人員，間諜用得好能夠抵得上千軍萬馬。間諜從古至今都不曾消失過。

孫子在開篇的第一章就說明了自己為什麼要寫間諜。他認為戰爭關係國計民生，成本大，費用高，有的時候又不得不打。既然如此，怎麼才能減少戰爭對人民生命和社會財產的損害呢？孫子在前面的篇章中提出了「不戰而屈人之兵」的觀點。但是，要做到這一點非常難。這是兵家用兵的最高境界，不是輕易能夠做到的。因此，在求取勝利的同時減少戰爭成本和費用，最好的辦法只能是「知彼知己」。「知己」只要冷靜分析、詳細部署自己的部隊就可以了，是好操作的部分。「知彼」比「知己」更為重要，但是難度也比知己大。「知彼」的重要管道之一就是使用間諜。用間也需要花錢，有的時候甚至是花大價錢，但是這部分花費絕對不能省。孫子認為，如果僅僅是為了吝惜一點錢財而沒有及時地了解敵情，最後導致戰爭失敗，就是不仁到了極點。

間諜所提供的情報的價值是不能用金錢來衡量的，有的時候這關係到一個國家的存亡，一個民族的榮辱。

富有傳奇色彩的人物理查·佐爾格被譽為「二戰諜王」、「最有膽識的間諜」。他的信條是：不撬開保險櫃，但文件卻自動送上門來；不持槍闖入密室，但門卻自動為他打開。他溫文儒雅，是畢業於柏林大學和基爾大學的博士，是在東京德國使館內有單獨辦公室並與使館官員親密無間的著名記者。但是他真正的身分卻是服務於蘇聯莫斯科的間諜。

理查·佐爾格在德軍即將進攻蘇聯的前夕，向蘇聯發出了戰爭警告：進攻將在1941年六月二十二日拂曉全面展開。但是蘇聯領導人史達林沒有予以理會，結果蘇軍被打得措手不及，一潰千里。戰爭初期的形勢對蘇聯非常不利，莫斯科城下已無兵可調，國家岌岌可危。這時，蘇聯還有幾十個師部署在蘇聯的亞洲地區，但是他們是為了對付希特勒的盟友日本可能的攻擊而預備的兵力，不能輕易調用。如果日本發動進攻，蘇聯將遭受前後夾擊，後果不堪設想。

可是，莫斯科城下又吃緊，如果莫斯科被攻下蘇聯將會一敗塗地，沒有反擊的機會。這時，如果確定日本人暫時不會進攻，就可以放心地將部署在西伯利亞、善於冬季作戰的蘇軍調到西線，參加莫斯科保衛戰。

為了獲得日本方面重要的作戰部署，蘇聯情報機關把希望寄託在佐爾格的身上。為了便於佐爾格展開工作，不引起日本情報機關的注意，蘇聯情報機關在佐爾格身上做了大量的投入，在金錢和人員方面都給予了充足的供應，這對蘇聯政府來說絕對是值得的。當佐爾格確定日本近期沒有進攻蘇聯的計畫時，史達林長長地吁了一口氣，迅速抽調遠東軍隊到歐洲方向。號稱天下無敵的德軍在蘇軍的凌厲反攻面前，從莫斯科城下踉蹌敗退，其常勝不敗的神話如泡沫一般破滅了。這個勝利對於蘇聯來說是不可估量的，其價值是不可以用金錢來衡量的。

第二章　先知者，必取於人

【原文】

故明君賢將，所以動而勝人，成功出於眾者，先知也。先知者，不可取於鬼神，不可象於事①，不可驗於度②，必取於人，知敵之情者也。

【注釋】

①不可象於事：不可以舊事類推。

②不可驗於度：不可憑日月星辰的位置度數推斷吉凶。

【譯文】

所以，明君和賢將之所以一出兵就能戰勝敵人，功績超越眾人，就在於能預先掌握敵情。要事先了解敵情，不可求神問鬼，也不可用相似的現象作類比推測，不可用日月星辰運行的位置去驗證，一定要取之於人，從那些熟悉敵情的人的口中去獲取。

【名家點評】

故明君賢將，所以動而勝人，成功出於眾者，先知也。

梅堯臣曰：「主不妄動，動必勝人；將不苟功，功必出眾。所以者何也？在預知敵情也。」

【延伸閱讀】

在這一章中，孫子向人們拋出了一個問題：「常勝將軍為什麼總能夠打勝仗呢？」原因在於他們預先了解和掌握了敵人的情報。孫子說，要預先掌握敵情，必須依靠人事，靠從熟悉敵人情況的人那裡得到消息。

小說《說岳全傳》中有這樣一個故事。南宋時期，金兵大舉南侵，南宋許多將領堅決抗金，其中以岳飛為首的岳家軍一路給予金兵重大打擊，最後金兀朮與岳飛在朱仙鎮進行決戰。

金兀朮有一個十六歲的義子，名叫陸文龍。此人文武雙全，英勇過人，是岳家軍的勁敵。陸文龍本是宋朝潞安州節度使陸登的兒子，金兀朮南侵的過程中攻陷潞安州，陸登和妻子都自殺了，奶娘抱著陸文龍逃跑的時候被金兀朮抓住。金兀朮看小陸文龍非常可愛，就擄至金營，收為義子。在金營長大的陸文龍對自己的身世完全不知。

一日，岳飛正在為怎樣對付陸文龍而苦惱，忽見部將王佐進帳。岳飛看見王佐臉色蠟黃，右臂已被斬斷（已敷藥包紮），非常驚奇，連忙問發生了什麼事。原來王佐學著古書上的勇武之士使用苦肉計斷了胳膊，打算隻身到金營，策反陸文龍。

王佐來到金營，對金兀朮說道：「小臣王佐曾是楊么的部下，官封車勝侯。楊么失敗後我只得歸順岳飛。昨夜帳中議事，小臣認為金兵兵力雄厚，實難抵擋，不如議和。岳飛聽了大怒，命人斬斷我的右臂，並讓我到金營通報，說岳家軍即日要踏平金營，生擒狼主。臣要是不來，性命難保。因此，我只得哀求狼主收留我吧。」金兀朮聽完他的話非常同情，讓他留在營中。王佐利用可以在金營自由行動的機會，先接近陸文龍的奶娘，曉之以理動之以情，說服奶娘一同告知陸文龍的身世。開始陸文龍不相信，但是看到奶娘垂淚點頭才徹底明白了自己的身世。他決心為父母報仇，誅殺金賊。王佐指點他不可魯莽行事，應該伺機行動。

此時金兵運來一批轟天大炮，準備夜襲岳家軍。陸文龍用箭把情報射向岳飛軍營，使岳軍免受損失。當晚，王佐、陸文龍及奶娘投奔宋營。王佐不僅成功策反了陸文龍，同時還得到了有用的情報。

第三章　五間俱起，莫知其道，是謂神紀，人君之寶也

【原文】

故用間有五：有因間，有內間，有反間，有死間，有生間。五間俱起，莫知其道，是謂神紀，人君之寶也。因間者，因其鄉人而用之①。內間者，因其官人而用之。反間者，因其敵間而用之。死間者，為誑事於外②，令吾間知之，而傳於敵間也③。生間者，反報也④。

【注釋】

①因其鄉人而用之：利用敵方鄉人為間諜。

②為誑事於外：故意散佈虛假情況以欺騙敵人。

③令吾間知之，而傳於敵間也：使我方間諜知情並傳與敵人。常因而犧牲，故曰死間。

④反報也：安全返回，報告敵情。

【譯文】

間諜的運用有五種：即鄉因間、內間、反間、死間、生間。五種間諜同時用起來，使敵人無從捉摸我用間的規律，這是使用間諜神妙莫測的方法，也是國君克敵致勝的法寶。所謂鄉間，是指利用敵人的同鄉做間諜；所謂內間，就是利用敵方官吏做間諜；所謂反間，就是使敵方間諜為我所用；所謂死間，是指散佈假情報，讓我方間諜明白並故意傳給敵間；所謂生間，就是偵察後能活著回來報告敵情的人。

【名家點評】

五間俱起，莫知其道，是謂神紀，人君之寶也。

王晳曰：「五間俱起，人不之測，是用兵神妙之大紀，大全之重寶也。」

【延伸閱讀】

在這一章中，孫子詳細介紹「間」的不同類別，他把「間」分為了五類：鄉因間、內間、反間、死間和生間。

「因間」又叫鄉間，主要是利用對方的同鄉親友關係打入對方內部。

「內間」即利用對方官員為間諜，利用他們的有利地位常能獲得高度機密的情報。

「反間」就是使對方的間諜為我所用，從而達到用間的目的。這種間諜最不好操控但是也最有效，使用起來需要很高的計謀，操控人必須非常高明才行。

「死間」是指散佈假情報，透過我方間諜將假情報傳給敵間，誘使敵人上當，一旦真相敗露，我方間諜難免一死，是最危險的一類間諜。

「生間」就是讓己方間諜在執行任務後，能夠平安返回彙報敵情，不會因曝露而失掉性命。

1960年五月十一日，美軍高空U－2型偵察機在蘇聯斯維爾德洛夫斯克被蘇軍的戰機擊落，其飛行員鮑威爾被俘。消息傳開，世界震動。因為這種偵察機是美國的高端戰機，飛行高度達二萬公尺，國際上不知道蘇聯究竟採用了什麼新式作戰武器，紛紛猜測。其實蘇軍能夠擊落U－2型飛機並不像外界傳聞的那樣，只不過是蘇聯玩了一招「偷樑換柱」而已。用了孫子所說的「因間」計。

當時，美軍在巴基斯坦白沙瓦市郊有一個空軍基地，U－2型高空偵察機就從這裡起飛到蘇聯執行戰略偵察任務。如此戰略要地自然是警備森嚴。蘇聯的克格勃特工想盡辦法，策反了一位名叫穆罕默德的阿富汗飛行員。這個阿富汗飛行員有一個朋友在這個空軍基地的食堂工作，穆罕默德利用這個朋友混進了空軍基地。

一天晚上，他趁人不備摸進了U－2型戰機，據情報報告，這架飛機將在一兩天內執行偵察任務。

穆罕默德曾經在美國留學，對美軍飛機的性能很熟悉。他進入飛機後，將高度儀錶盤上的四顆螺釘中的一顆擰了下來，換上了事先帶來的螺釘。這顆螺釘雖然和換下來的一模一樣，但是卻具有極強的磁性，可以吸引極細的高度儀的指標，這樣高度儀就不能正常地指示飛行的高度了。

當這架被做了手腳的偵察機由鮑威爾駕駛飛到3048公尺的高度時，高度儀的指標便被磁性吸引，竟然提前指到了20726公尺。鮑威爾沒有產生任何的懷疑，他看到這麼高了，就沒再向上升。其實，這時飛行高度只有3048公尺。而這個高度恰恰是蘇聯制空能夠作用的有效範圍。蘇聯抓住時機很快就打下了它，同時俘虜了飛行員鮑威爾。

在二戰時期，各國都很重視間諜的作用。蘇聯尤其重視，他們在間諜的身上投入了大量的人力、物力。蘇聯的間諜也表現出了極強的專業性，出現了很多具有傳奇色彩的人物，上述故事中的穆罕默德便是其一。

第四章 三軍之親，莫親於間

【原文】

故三軍之親，莫親於間，賞莫厚於間，事莫密於間。非聖賢不能用間，非仁義不能使間，非微妙不能得間之實①。微哉微哉，無所不用間也；間事未發而先聞者，間與所告者皆死。凡軍之所欲擊，城之所欲攻，人之所欲殺，必先知其守將、左右、謁者②、門者、舍人③之姓名，令吾間必索知之。

【注釋】

①非微妙不能得間之實：唯經精細分析始能獲情報之實情。

②謁者：負責傳達的官員。

③舍人：門客幕僚。

【名家點評】

三軍之親，莫親於間。張預曰：「三軍之士，然皆親撫，獨於間者以腹心相委，是最為親密也。」

【譯文】

所以在軍隊中，沒有比間諜更親近的人，沒有比間諜更為優厚獎賞的，沒有比間諜更為祕密的事情了。不是睿智超群的人不能使用間諜，不是仁慈慷慨的人不能指使間諜，不是謀慮精細的人不能得到間諜提供的真實情報。微妙啊，微妙！無時無處不可以使用間諜。間諜的工作還未開展，而已洩露出去的，那麼間諜和了解內情的人都要處死。凡是要攻打的敵方軍隊，要攻佔的敵方城池，要刺殺的敵方人員，都須預先了解其主管將領、左右親信、負責傳達的官員、守門官吏和門客幕僚的姓名，指令我方間諜一定要將這些情況偵察清楚。

【延伸閱讀】

在兩軍作戰中，通常間諜提供的訊息是最有效最可靠的，所以在整個軍隊當中間諜是最值得重視和嘉獎的人。

軍事家孫子主張作戰要混淆虛實，讓敵軍分辨不清是非曲直，看不到事情原本的面目，這一招著實高明。而間諜就是軍隊當中需要偽裝得最好，最能夠混淆敵軍的辨別能力，最終竊取最有效的軍事機密的人，所以孫子在其兵法中反覆強調間諜的重要作用。

也正因為此，從古至今在各種戰爭中，都少不了有一些人需要扮演間諜的角色。但是如何使間諜發揮最大的作用？如何使用一個出色的間諜？這對間諜的使用者來講也是一個很具有挑戰性的問題。孫子在其兵法中指出「非聖賢不能用間，非仁義不能使間，非微妙不能得間之實。」由此看來，不是所以懂得間諜作用的人都能收放自如地使用間諜，這需要間諜使用者在運用間諜致勝的過程中，好好下一番工夫，使間諜的作用發揮到最大。

當然做間諜也是相當有難度的，孫子在他的兵法中也清楚地指明了不是什麼人都能當間諜。當間諜不僅要有能力很好地應對自己所處的各種環境，還要有良好的心理素質。

只有具備了上述幾個條件，在兩軍作戰中，間諜的作用才能發揮到最大，才能使軍隊用最小的代價獲得最大的成功。

1970年，施奈德受雇來到西德情報機關附近的一座美國軍火庫中當勤雜工。他的薪資少得可憐，只能勉強維持一家三口的最低生活水準。為了補貼家用，他便常常在下班後，順便到軍火庫的垃圾箱裡撿點破爛去賣。天長日久，人們就給他取了個「垃圾佬」的綽號。

就是這位再老實不過的「垃圾佬」後來竟被東德的情報機關看上了。他們派間諜偽裝成舊貨商，專門高價收購「垃圾佬」撿的破爛，施奈德很快就成了這位舊貨商的老主顧。有一天，當施奈德把垃圾箱裡撿到的美國士兵丟棄的破爛拿到舊貨商那裡時，舊貨商卻告訴他說：「我想收購的不是這些破爛，我要的是有情報價值的含有軍火庫祕密的『破爛兒』。你已經以賣破爛為名，向我們提供了不少的情報，如果你以後不幹了，我就去告發你。」

至此，施奈德才明白，原來舊貨商是東德的間諜，而且他自己也早已在不知不覺中成為了對方手上的棋子，成為了不得不為他們賣命的情報間諜。

為了生計，也為了自己之前的行為不被告發，施奈德只好保持原有的「垃圾佬」的形象，在軍火庫那邊尋找有價值的情報，然後轉交給東德。他每隔兩週就去東柏林一次，把精心挑選好的「破爛兒」紮成禮品的模樣，送到指定地點，然後通知對方來取。

就這樣，施奈德整整為東德的諜報機關工作了近十二年。有一次，他在垃圾堆裡找到了整整三大厚本美國新運到西德的「鷹式」地對空導彈使用說明書和維修須知。東德諜報機關為此祕密授予了他一枚銀質勳章和一大筆獎金。

在充當間諜十二年的時間裡，施奈德向東德間諜情報機關交送了大量的有價值的情報，其中包括北大西洋公約組織駐歐洲的兵力部署、北約國家武器彈藥的庫存清單、美國在西歐貯存的各種導彈武器的規格、數量和使用方法等，給當時的北大西洋公約組織成員在軍事上造成了很大的被動。

雖然後來施奈德還是被捕了，但是他的間諜任務可以說已經完成得很出色了。他在東德情報機關巧妙的部署下成為了偽裝得非常完美的間諜，而且很難會引起敵方的注意。也正因為此，東德才在國際事務中獲得了很大的主動權。這個事例可以說是近代情報戰當中運用間諜非常成功的一個案例。

雖然我們現在的生活和工作遠遠沒有戰爭那麼險惡，間諜也沒有那麼普遍，但在商業時代，我們還是要學會偵破間諜，以免被商業上的競爭對手打入內部，卻毫無察覺。

第五章　知之必在於反間，故反間不可不厚也

【原文】

必索敵人之間來間我者，因而利之，導而舍之①，故反間可得而用也。因是而知之②，故鄉間③、內間可得而使也。因是而知之，故死間為誑事，可使告敵④。因是而知之，故生間可使如期⑤。五間之事，主必知之，知之必在於反間，故反間不可不厚也。

【注釋】

①導而舍之：稽留誘導，再放回令作反間。

②因是而知之：因用反間而掌握情報。

③鄉間：即因間。

④死間為誑事，可使告敵：死間將虛假情報傳給敵人。

⑤可使如期：按預定時限返回報告敵情。

【譯文】

一定要搜查出敵方派來偵察我方軍情的間諜，從而用重金收買他，引誘開導他，然後再放他回去，這樣反間就可以為我所用了。透過反間了解敵情，鄉間、內間也就可以利用驅使了。透過反間了解敵情，就能使死間傳播假情報給敵人了。透過反間了解敵情，就能使生間按預定時間報告敵情了。五種間諜的使用，國君都必須了解掌握。了解情況的關鍵在於使用反間，所以對反間不可不給予優厚的待遇。

【名家點評】

知之必在於反間，故反間不可不厚也。

梅堯臣曰：「五間之始，皆因緣於反間，故當厚遇之。」

【延伸閱讀】

孫子在這一章中著重講了「反間」，應該怎樣對待敵方潛藏的間諜，還講了「反間」對於其他間諜的作用。孫子對待間諜的態度是：一定要搜查出敵方派來偵察我方軍情的間諜，從而用重金收買他，引誘開導他，然後再放他回去，這樣反間就可以為我所用了。透過反間了解敵情，鄉間、內間就可以利用起來了，死間也能傳播假情報給敵人了，生間亦能按預定時間報告敵情了。

「反間」作用巨大，其形式也同時和其他的間諜有所區別，「反間」是利用敵人的間諜，讓敵人自己掉到陷阱裡。

西元前205年五月，項羽和劉邦在滎陽擺開陣勢，要決一死戰。劉邦被圍困，形勢極為不利。項羽不僅英勇善戰，而且身邊有一些重要謀臣幫著出謀劃策。這時，護軍中尉陳平給劉邦出主意說：「可以出重金收買間諜，讓他們謊稱項羽身邊的重要謀士、重臣范增等人準備與劉邦談判，滅掉項羽後，共同平分天下。」因為這些人對於項羽太重要了，除掉他們就等於卸掉了項羽的左膀右臂。劉邦點頭稱是，於是拿出四萬兩黃金收買項羽方面的間諜。

假情報送回去後，項羽果然相信了，對范增和鍾離昧起了疑心，再也不聽他們的意見了。范增有口難辯，急火攻心，同時對項羽也失望至極，憤怒地拂袖而去，不久就病死了。就這樣劉邦很快解了滎陽之圍。

「反間計」是非常之計，使用得當也是價值最高的計謀。但是反間計用的不是自己人，而是對方的人，所以重金收買是不可少的，當然作用也是不可估量的。所以在戰爭中被派到你身邊的奸細，被你發現之後是可用的。

本來埋在身邊的定時炸彈，卻反為我所用，不能不說是一項高的計謀啊。

第六章　此兵之要，三軍之所恃而動也

【原文】

昔殷之興也，伊摯①在夏；周之興也，呂牙②在殷。故唯明君賢將，能以上智為間者，必成大功。此兵之要，三軍之所恃而動也。

【注釋】

①伊摯：伊尹，原夏桀之臣，後助殷商滅夏。

②呂牙：呂尚，即姜子牙，後歸周，助武王滅紂。

【譯文】

從前殷商的興起，在於重用了在夏朝為臣的伊尹，他熟悉並了解夏朝的情況；周朝的興起，是由於周武王重用了了解商朝情況的呂牙。所以，明智的國君，賢能的將帥，能用智慧高超的人充當間諜，就一定能建功立業。這是用兵的關鍵，整個軍隊都要依靠間諜提供的敵情來決定軍事行動。

【名家點評】

此兵之要，三軍之所恃而動也。

杜牧曰：「不知敵情，軍不可動；知敵之情，非間不可。故曰：三軍所恃而動。」

【延伸閱讀】

在這一章中，孫子對「用間」進行了總結，並列舉了不同朝代「用間」的例子。孫子肯定地說：能以上智為間者，必成大功。此兵之要，三軍之所恃而動也。意思是說：**明智的國君，賢能的將帥，能用智慧高超的人充當間諜，就一定能建立功業**。這是用兵的關鍵，整個軍隊都要依靠間諜提供的敵情來決定軍事行動。《孫子兵法》的第十三篇可以稱為古代情報學的教科書，在本篇中孫子詳細列舉了間諜的種類和在「用間」過程中應該注意的事項。

伊摯又名伊尹，商初大臣。中國古代有名的治世良相，史稱元聖，因其生於伊水上游，官職為尹，史稱伊尹。

伊尹原是夏朝時莘國管理膳食的小頭目。在莘國的時候，他有機會接觸到商湯，發現商湯是一個有頭腦有德性的人，覺得此人日後應該有一番作為。於是伊尹就想投奔商湯，正在這時，商湯要娶有莘氏的一個女兒做妻子，伊尹就申請作陪嫁入商。所以史稱伊尹為「有莘氏媵臣」，就是陪嫁的廚子。

剛開始，伊尹沒有機會接近商湯，他仍然是在商湯府內做廚子，直到有一次，商湯與伊尹談論有關廚藝的學問。伊尹說得頭頭是道，商湯非常高興。於是伊尹抓住機會，藉廚藝的理論向商湯進諫治國之道。商湯聽後破格提拔重用了伊尹。

之後，商湯曾經兩次派伊尹去夏朝了解情況，為了不引起夏桀的懷疑，商湯故意給伊尹加了很多的罪名。商湯還親自射傷了伊尹，為他去夏朝製造藉口。

伊尹到達夏朝後，一方面向夏桀宣揚商湯多麼的忠心，消除夏朝方面的戒心，另一方面挑撥夏桀與臣子的關係，並透過重金收買、挑撥離間的方式讓一部分臣子背叛了夏朝。等到時機成熟時，伊尹又向商湯建議，試探一下夏朝的反應。第一次以不納貢為激發點，夏桀憑藉其餘威發動諸侯大軍來討伐。商湯於是上堂請罪，夏朝撤兵。之後夏桀的威望更加低弱，當商湯第二次挑釁的時候，夏桀已經微調不了各家諸侯了。經過幾年的征戰，最後商湯終於滅夏，建立了商朝。

孫子為戰事能夠取得成功，全面系統地剖析了戰爭中可能遇到的情況，和應該採取的策略。《孫子兵法》是理性的、陽剛的，同時也是靈活的。孫子不只一次強調靈活用兵的重要性。作為現代的普通人來說，《孫子兵法》也是智慧的泉源，以此為指導去開拓事業，成功也是指日可待的。

附錄：孫子兵法原稿文

《孫子兵法》第一：計篇

孫子曰：兵者，國之大事，死生之地，存亡之道，不可不察也。

故經之以五事，校之以計，而索其情：一曰道，二曰天，三曰地，四曰將，五曰法。道者，令民於上同意也，故可以與之死，可以與之生，而不畏危。天者，陰陽、寒暑、時制也。地者，遠近、險易、廣狹、死生也。將者，智、信、仁、勇、嚴也。法者，曲制、官道、主用也。凡此五者，將莫不聞，知之者勝，不知之者不勝。

故校之以計，而索其情。曰：主孰有道？將孰有能？天地孰得？法令孰行？兵眾孰強？士卒孰練？賞罰孰明？吾以此知勝負矣。

將聽吾計，用之必勝，留之；將不聽吾計，用之必敗，去之。

計利以聽，乃為之勢，以佐其外。勢者，因利而制權也。

兵者，詭道也。故能而示之不能，用而示之不用，近而示之遠，遠而示之近。利而誘之，亂而取之，實而備之，強而避之，怒而撓之，卑而驕之，佚而勞之，親而離之，攻其無備，出其不意。此兵家之勝，不可先傳也。

夫未戰而廟算勝者，得算多也；未戰而廟算不勝者，得算少也。多算勝，少算不勝，而況於無算乎？吾以此觀之，勝負見矣。

《孫子兵法》第二：作戰篇

孫子曰：凡用兵之法，馳車千駟，革車千乘，帶甲十萬，千里饋糧，則內外之費，賓客之用，膠漆之材，車甲之奉，日費千金，然後十萬之師舉矣。

其用戰也勝，久則鈍兵挫銳，攻城則力屈，久暴師則國用不足。夫鈍兵挫銳，屈力殫貨，則諸侯乘其弊而起，雖有智者，不能善其後矣。故兵聞拙速，未睹巧之久也。夫兵久而國利者，未之有也。故不盡知用兵之害者，則不能盡知用兵之利也。

善用兵者，役不再籍，糧不三載；取用於國，因糧於敵，故軍食可足也。

國之貧於師者遠輸，遠輸則百姓貧。近師者貴賣，貴賣則百姓財竭，財竭則急於丘役。力屈、財殫，中原內虛於家。百姓之費，十去其七；公家之費：破軍罷馬，甲冑矢弩，戟楯蔽櫓，丘牛大車，十去其六。故智將務食於敵。食敵一鍾，當吾二十鍾；萁稈一石，當吾二十石。

故殺敵者，怒也；取敵之利者，貨也。故車戰，得車十乘已上，賞其先得者，而更其旌旗，車雜而乘之，卒善而養之，是謂勝敵而益強。

故兵貴勝，不貴久。故知兵之將，生民之司命，國家安危之主也。

《孫子兵法》第三：謀攻篇

孫子曰：凡用兵之法，全國為上，破國次之；全軍為上，破軍次之；全旅為上，破旅次之；全卒為上，破卒次之；全伍為上，破伍次之。是故百戰百勝，非善之善者也；不戰而屈人之兵，善之善者也。

故上兵伐謀，其次伐交，其次伐兵，其下攻城。攻城之法，為不得已。修櫓轒轀，具器械，三月而後成，距闉，又三月而後已。

將不勝其忿而蟻附之，殺士三分之一，而城不拔者，此攻之災也。故善用兵者，屈人之兵而非戰也。拔人之城而非攻也，毀人之國而非久也，必以全爭於天下，故兵不頓而利可全，此謀攻之法也。

故用兵之法，十則圍之，五則攻之，倍則分之，敵則能戰之，少則能逃之，不若則能避之。故小敵之堅，大敵之擒也。

夫將者，國之輔也。輔周則國必強，輔隙則國必弱。故君之所以患於軍者三：不知軍之不可以進，而謂之進，不知軍之不可以退，而謂之退，是謂縻軍；不知三軍之事，而同三軍之政者，則軍士惑矣；不知三軍之權，而同三軍之任，則軍士疑矣。三軍既惑且疑，則諸侯之難至矣，是謂亂軍引勝。

故知勝有五：知可以戰與不可以戰者勝，識眾寡之用者勝，上下同欲者勝，以虞待不虞者勝，將能而君不御者勝。此五者，知勝之道也。

故曰：知彼知己者，百戰不殆；不知彼而知己，一勝一負；不知彼，不知己，每戰必殆。

《孫子兵法》第四：形篇

孫子曰：昔之善戰者，先為不可勝，以侍敵之可勝。不可勝在己，可勝在敵。故善戰者，能為不可勝，不能使敵之可勝。故曰：勝可知，而不可為。

不可勝者，守也；可勝者，攻也。守則不足，攻則有餘。善守者，藏於九地之下；善攻者，動於九天之上。故能自保而全勝也。

見勝不過眾人之所知，非善之善者也；戰勝而天下曰善，非善之善者也。故舉秋毫不為多力，見日月不為明目，聞雷霆不為聰耳。古之所謂善戰者，勝於易勝者也。故善戰者之勝也，無智名，無勇功。故其戰勝不忒。不忒者，其所措必勝，勝已敗者也。故善戰者，立於不敗之地，而不失敵之敗也。是故勝兵先勝而後求戰，敗兵先戰而後求勝。善用兵者，修道而保法，故能為勝敗之政。

兵法：一曰度，二曰量，三曰數，四曰稱，五曰勝。地生度，度生量，量生數，數生稱，稱生勝。故勝兵若以鎰稱銖，敗兵若以銖稱鎰。勝者之戰民也，若決積水於千仞之溪者，形也。

《孫子兵法》第五：勢篇

孫子曰：凡治眾如治寡，分數是也；鬥眾如鬥寡，形名是也；三軍之眾，可使必受敵而無敗，奇正是也；兵之所加，如以碫投卵者，虛實是也。

凡戰者，以正合，以奇勝。故善出奇者，無窮如天地，不竭如江河。終而復始，日月是也。死而更復生，四時是也。聲不過五，五聲之變，不可勝聽也。色不過五，五色之變，不可勝觀也。味不過五，五味之變，不可勝嘗也。戰勢不過奇正，奇正之變，不可勝窮之也。奇正相生，如環之無端，孰能窮之？

激水之疾，至於漂石者，勢也；鷙鳥之疾，至於毀折者，節也。是故善戰者，其勢險，其節短。勢如彍弩，節如發機。

紛紛紜紜，鬥亂而不可亂也。渾渾沌沌，形圓而不可敗也。亂生於治，怯生於勇，弱生於強。治亂，數也；勇怯，勢也；強弱，形也。

故善動敵者，形之，敵必從之；予之，敵必取之。以利動之，以卒待之。

故善戰者，求之於勢，不責於人，故能擇人而任勢。任勢者，其戰人也，如轉木石。木石之性，安則靜，危則動，方則止，圓則行。故善戰人之勢，如轉圓石於千仞之山者，勢也。

《孫子兵法》第六：虛實篇

孫子曰：凡先處戰地而待敵者佚，後處戰地而趨戰者勞。故善戰者，致人而不致於人。能使敵人自至者，利之也；能使敵人不得至者，害之也。故敵佚能勞之，飽能饑之，安能動之。

出其所不趨，趨其所不意。行千里而不勞者，行於無人之地也。攻而必取者，攻其所不守也。守而必固者，守其所不攻也。故善攻者，敵不知其所守。善守者，敵不知其所攻。微乎微乎，至於無形，神乎神乎，至於無聲，故能為敵之司命。

進而不可禦者，衝其虛也；退而不可追者，速而不可及也。故我欲戰，敵雖高壘深溝，不得不與我戰者，攻其所必救也；我不欲戰，畫地而守之，敵不得與我戰者，乖其所之也。

故形人而我無形，則我專而敵分；我專為一，敵分為十，是以十攻其一也，則我眾而敵寡；能以眾擊寡者，則吾之所與戰者，約矣。吾所與戰之地不可知，不可知，則敵所備者多，敵所備者多，則吾之所與戰者，寡矣。故備前則後寡，備後則前寡，備左則右寡，備右則左寡，無所不備，則無所不寡。寡者，備人者也，眾者，使人備己者也。

故知戰之地，知戰之日，則可千里而會戰。不知戰地，不知戰日，則左不能救右，右不能救左，前不能救後，後不能救前，而況遠者數十里，近者數里乎？

以吾度之，越人之兵雖多，亦奚益於勝敗哉？故曰：勝可為也。敵雖眾，可使無鬥。

故策之而知得失之計，作之而知動靜之理，形之而知死生之地，角之而知有餘不足之處。故形兵之極，至於無形；無形，則深間不能窺，智者不能謀。因形而錯勝於眾，眾不能知；人皆知我所以勝之形，而莫知吾所以致勝之形。故其戰勝不復，而應形於無窮。

夫兵形像水，水之形，避高而趨下，兵之形，避實而擊虛，水因地而制流，兵因敵而致勝。故兵無常勢，水無常形，能因敵變化而取勝者，謂之神。故五行無常勝，四時無常位，日有短長，月有死生。

《孫子兵法》第七：軍爭篇

孫子曰：凡用兵之法，將受命於君，合軍聚眾，交和而舍，莫難於軍爭。軍爭之難者，以迂為直，以患為利。故迂其途，而誘之以利，後人發，先人至，此知迂直之計者也。

故軍爭為利，軍爭為危。舉軍而爭利，則不及；委軍而爭利，則輜重捐。是故卷甲而趨，日夜不處，倍道兼行，百里而爭利，則擒三將軍，勁者先，疲者後，其法十一而至；五十里而爭利，則蹶上將軍，其法半至；三十里而爭利，則三分之二至。是故軍無輜重則亡，無糧食則亡，無委積則亡。

故不知諸侯之謀者，不能豫交；不知山林、險阻、沮澤之形者，不能行軍；不用鄉導者，不能得地利。故兵以詐立，以利動，以分合為變者也。故其疾如風，其徐如林，侵掠如火，不動如山，難知如陰，動如雷震。掠鄉分眾，廓地分利，懸權而動。先知迂直之計者勝，此軍爭之法也。

《軍政》曰：「言不相聞，故為之金鼓；視不相見，故為旌旗。夫金鼓旌旗者，所以一人之耳目也；人既專一，則勇者不得獨進，怯者不得獨退，此用眾之法也。故夜戰多火鼓，晝戰多旌旗，所以變人之耳目也。」

故三軍可奪氣，將軍可奪心。是故朝氣銳，晝氣惰，暮氣歸。故善用兵者，避其銳氣，擊其惰歸，此治氣者也。以治待亂，以靜待嘩，此治心者也。以近待遠，以佚待勞，以飽待饑，此治力者也。無邀正正之旗，勿擊堂堂之陳，此治變者也。

故用兵之法，高陵勿向，背丘勿逆，佯北勿從，銳卒勿攻，餌兵勿食，歸師勿遏，圍師必闕，窮寇勿迫，此用兵之法也。

《孫子兵法》第八：九變篇

孫子曰：凡用兵之法，將受命於君，合軍聚眾，圮地無舍，衢地交合，絕地無留，圍地則謀，死地則戰。塗有所不由，軍有所不擊，城有所不攻，地有所不爭，君命有所不受。

故將通於九變之利者，知用兵矣；將不通於九變之利者，雖知地形，不能得地之利矣；治兵不知九變之術，雖知五利，不能得人之用矣。

是故智者之慮，必雜於利害。雜於利，而務可信也；雜於害，而患可解也。是故屈諸侯者以害，役諸侯者以業，趨諸侯者以利。

故用兵之法，無恃其不來，恃吾有以待也；無恃其不攻，恃吾有所不可攻也。

故將有五危：必死，可殺也；必生，可虜也；忿速，可侮也；廉潔，可辱也；愛民，可煩也。凡此五者，將之過也，用兵之災也。覆軍殺將，必以五危，不可不察也。

《孫子兵法》第九：行軍篇

孫子曰：凡處軍、相敵，絕山依谷，視生處高，戰隆無登，此處山之軍也。絕水必遠水；客絕水而來，勿迎之於水內，令半濟而擊之，利；欲戰者，無附於水而迎客；視生處高，無迎水流，此處水上之軍也。絕斥澤，唯亟去無留；若交軍於斥澤之中，必依水草而背眾樹，此處斥澤之軍也。平陸處易，而右背高，前死後生，此處平陸之軍也。凡此四軍之利，黃帝之所以勝四帝也。

凡軍好高而惡下，貴陽而賤陰，養生而處實，軍無百疾，是謂必勝。丘陵堤防，必處其陽，而右背之。此兵之利，地之助也。上雨，水沫至，欲涉者，待其定也。

凡地，有絕澗、天井、天牢、天羅、天陷、天隙，必亟去之，勿近也。吾遠之，敵近之；吾迎之，敵背之。軍行有險阻、潢井、葭葦、林木、蘙薈者，必謹覆索之，此伏奸之所處也。

敵近而靜者，恃其險也；遠而挑戰者，欲人之進也；其所居易者，利也。眾樹動者，來也；眾草多障者，疑也；鳥起者，伏也；獸駭者，覆也；塵高而銳者，車來也；卑而廣者，徒來也；散而條達者，樵采也；少而往來者，營軍也。

辭卑而益備者，進也；辭強而進驅者，退也；輕車先出，居其側者，陳也；無約而請和者，謀也；奔走而陳兵車者，期也；半進半退者，誘也。

杖而立者，饑也；汲而先飲者，渴也；見利而不進者，勞也；鳥集者，虛也；夜呼者，恐也；軍擾者，將不重也；旌旗動者，亂也；吏怒者，倦也；粟馬肉食，軍無懸缻，不返其舍者，窮寇也；諄諄翕翕，徐與人言者，失眾也；數賞者，窘也；數罰者，困也；先暴而後畏其眾者，不精之至也；來委謝者，欲休息也。兵怒而相迎，久而不合，又不相去，必謹察之。

兵非益多也，唯無武進，足以並力、料敵、取人而已。夫唯無慮而易敵者，必擒於人。卒未親附而罰之，則不服，不服，則難用也。卒已親附而罰不行，則不可用也。故令之以文，齊之以武，是謂必取。令素行以教其民，則民服；令素不行以教其民，則民不服。令素行者，與眾相得也。

《孫子兵法》第十：地形篇

孫子曰：地形：有通者，有掛者，有支者，有隘者，有險者，有遠者。我可以往，彼可以來，曰通。通形者，先居高陽，利糧道，以戰則利。可以往，難以返，曰掛。掛形者，敵無備，出而勝之，敵若有備，出而不勝，則難以返，不利。我出而不利，彼出而不利，曰支。支形者，敵雖利我，我無出也，引而去之，令敵半出而擊之，利。隘形者，我先居之，必盈之以待敵。若敵先居之，盈而勿從，不盈而從之。險形者，我先居之，必居高陽以待敵；若敵先居之，引而去之，勿從也。遠形者，勢均，難以挑戰，戰而不利。凡此六者，地之道也，將之至任，不可不察也。

故兵有走者，有弛者，有陷者，有崩者，有亂者，有北者。凡此六者，非天之災，將之過也。夫勢均，以一擊十，曰走。卒強吏弱，曰弛。吏強卒弱，曰陷。大吏怒而不服，遇敵懟而自戰，將不知其能，曰崩。將弱不嚴，教道不明，吏卒無常，陳兵縱橫，曰亂。將不能料敵，以少合眾，以弱擊強，兵無選鋒，曰北。凡此六者，敗之道也，將之至任，不可不察也。

夫地形者，兵之助也。料敵致勝，計險厄、遠近，上將之道也。知此而用戰者必勝；不知此而用戰者必敗。故戰道必勝，主曰無戰，必戰可也；戰道不勝，主曰必戰，無戰可也。故進不求名，退不避罪，唯民是保，而利合於主，國之寶也。

視卒如嬰兒，故可以與之赴深谿；視卒如愛子，故可與之俱死。厚而不能使，愛而不能令，亂而不能治，譬若驕子，不可用也。知吾卒之可以擊，而不知敵之不可擊，勝之半也；知敵之可擊，而不知吾卒之不可以擊，勝之半也；知敵之可擊，知吾卒之可以擊，而不知地形之不可以戰，勝之半也。

故知兵者，動而不迷，舉而不窮。故曰：知己知彼，勝乃不殆；知天知地，勝乃不窮。

《孫子兵法》第十一：九地篇

孫子曰：用兵之法，有散地，有輕地，有爭地，有交地，有衢地，有重地，有圮地，有圍地，有死地。諸侯自戰其地，為散地。入人之地而不深者，為輕地。我得則利，彼得亦利者，為爭地。我可以往，彼可以來者，為交地。諸侯之地三屬，先至而得天下之眾者，為衢地。入人之地深，背城邑多者，為重地。山林、險阻、沮澤，凡難行之道者，為圮地。所由入者隘，所從歸者迂，彼寡可以擊吾之眾者，為圍地。疾戰則存，不疾戰則亡者，為死地。是故散地則無戰，輕地則無止，爭地則無攻，交地則無絕衢地則合交，重地則掠，圮地則行，圍地則謀，死地則戰。

所謂古之善用兵者，能使敵人前後不相及，眾寡不相恃，貴賤不相救，上下不相收，卒離而不集，兵合而不齊。合於利而動，不合於利而止。敢問：敵眾整而將來，待之若何？曰：先奪其所愛，則聽矣。兵之情主速，乘人之不及，由不虞之道，攻其所不戒也。

凡為客之道：深入則專，主人不克。掠於饒野，三軍足食。謹養而勿勞，並氣積力，運兵計謀，為不可測。投之無所往，死且不北。死焉不得，士人盡力。兵士甚陷則不懼，無所往則固，深入則拘，不得已則鬥。是故，其兵不修而戒，不求而得，不約而親，不令而信。禁祥去疑，至死無所之。吾士無餘財，非惡貨也；無餘命，非惡壽也。令發之日，士卒坐者涕沾襟，偃臥者涕交頤。投之無所往，諸、劌之勇也。

故善用兵者，譬如率然。率然者，常山之蛇也。擊其首則尾至，擊其尾則首至，擊其中則首尾俱至。敢問：兵可使如率然乎？曰：可。夫吳人與越人相惡也，當其同舟而濟，遇風，其相救也如左右手。是故方馬埋輪，未足恃也。齊勇若一，政之道也，剛柔皆得，地之理也。故善用兵者，攜手若使一人，不得已也。

將軍之事：靜以幽，正以治。能愚士卒之耳目，使之無知。易其事，革其謀，使人無識。易其居，迂其途，使人不得慮。帥與之期，如登高而去其梯。帥與之深入諸侯之地，而發其機，焚舟破釜，若驅群羊。驅而往，驅而來，莫知所之。聚三軍之眾，投之於險，此謂將軍之事也。九地之變，屈伸之利，人情之理，不可不察。

凡為客之道：深則專，淺則散。去國越境而師者，絕地也；四達者，衢地也；入深者，重地也；入淺者，輕地也；背固前隘者，圍地也；無所往者，死地也。是故散地，吾將一其志；輕地，吾將使之屬；爭地，吾將趨其後；交地，吾將謹其守；衢地，吾將固其結；重地，吾將繼其食；圮地，吾將進其塗；圍地，吾將塞其闕；死地，吾將示之以不活。故兵之情：圍則禦，不得已則鬥，過則從。

是故不知諸侯之謀者，不能預交。不知山林、險阻、沮澤之形者，不能行軍。不用鄉導者，不能得地利。四五者，不知一，非霸王之兵也。夫霸王之兵，伐大國，則其眾不得聚；威加於敵，則其交不得合。是故不爭天下之交，不養天下之權，信己之私，威加於敵，則其城可拔，其國可隳。施無法之賞，懸無政之令，犯三軍之眾，若使一人。犯之以事，勿告以言。犯之以利，勿告以害。投之亡地然後存，陷之死地然後生。夫眾陷於害，然後能為勝敗。故為兵之事，在於順詳敵之意，並敵一向，千里殺將，是謂巧能成事者也。

是故政舉之日，夷關折符，無通其使；厲於廊廟之上，以誅其事。敵人開闔，必亟入之，先其所愛，微與之期。踐墨隨敵，以決戰事。是故始如處女，敵人開戶，後如脫兔，敵不及拒。

《孫子兵法》第十二：火攻篇

孫子曰：凡火攻有五：一曰火人，二曰火積，三曰火輜，四曰火庫，五曰火隊。行火必有因，煙火必素具。發火有時，起火有日。時者，天之燥也。日者，月在萁、壁、翼、軫也。凡此四宿者，風起之日也。

凡火攻，必因五火之變而應之。火發於內，則早應之於外。火發兵靜者，待而勿攻。極其火力，可從而從之，不可從而止。火可發於外，無待於內，以時發之。火發上風，無攻下風。晝風久，夜風止。凡軍必知有五火之變，以數守之。故以火佐攻者明，以水佐攻者強。水可以絕，不可以奪。

夫戰勝攻取，而不修其功者，凶，命曰「費留」。故曰：明主慮之，良將修之。非利不動，非得不用，非危不戰。主不可以怒而興師，將不可以慍而致戰。合於利而動，不合於利而止。怒可以復喜，慍可以復悅，亡國不可以復存，死者不可以復生。故明君慎之，良將警之。此安國全軍之道也。

《孫子兵法》第十三：用間篇

孫子曰：凡興師十萬，出征千里，百姓之費，公家之奉，日費千金。內外騷動，怠於道路，不得操事者七十萬家。相守數年，以爭一日之勝，而愛爵祿百金，不知敵之情者，不仁之至也。非人之將也，非主之佐也，非勝之主也。

故明君賢將，所以動而勝人，成功出於眾者，先知也。先知者，不可取於鬼神，不可象於事，不可驗於度。必取於人，知敵之情者也。

故用間有五：有因間，有內間，有反間，有死間，有生間。五間俱起，莫知其道，是謂神紀，人君之寶也。因間者，因其鄉人而用之。內間者，因其官人而用之。反間者，因其敵間而用之。死間者，為誑事於外，令吾問知之，而傳於敵間也。生間者，反報也。

故三軍之親，莫親於間，賞莫厚於間，事莫密於間。非聖賢不能用間，非仁義不能使間，非微妙不能得間之實。微哉微哉，無所不用間也。間事未發而先聞者，間與所告者皆死。凡軍之所欲擊，城之所欲攻，人之所欲殺，必先知其守將、左右、謁者、門者、舍人之姓名，令吾間必索知之。

必索敵人之間來間我者，因而利之，導而舍之，故反間可得而用也。因是而知之，故鄉間、內間可得而使也；因是而知之，故死間為誑事，可使告敵；因是而知之，故生間可使如期。五間之事，主必知之，知之必在於反間，故反間不可不厚也。

昔殷之興也，伊摰在夏；周之興也，呂牙在殷。故唯明君賢將，能以上智為間者，必成大功。此兵之要，三軍之所恃而動也。

國家圖書館出版品預行編目資料

孫子兵法全書 / 孫武原著；司馬志編 . -- 初版 .
-- 新北市：華志文化, 2014.01
面；　公分 . --（諸子百家大講座；5）

ISBN 978-986-5936-63-1（平裝）

1. 孫子兵法　2. 研究考訂　3. 謀略

592.092　　102024416

華志文化事業有限公司
系列／諸子百家大講座005
書名／孫子兵法全書

原著　孫武
編者　司馬志
執行編輯　林雅婷
美術編輯　簡郁庭
文字校對　陳麗鳳
企劃執行　康敏才
總編輯　黃志中
社長　楊凱翔
出版者　華志文化事業有限公司
排版印刷　辰皓國際出版製作有限公司
電子信箱　huachihbook@yahoo.com.tw
地址　116台北市興隆路四段九十六巷三弄六號四樓
電話　02-22341779

總經銷商　旭昇圖書有限公司
地址　235新北市中和區中山路二段三五二號二樓
電話　02-22451480
傳真　02-22451479
郵政劃撥　戶名：旭昇圖書有限公司（帳號：12935041）

出版日期　西元二〇一四年一月初版第一刷
西元二〇一五年六月初版第二刷
售價　二八〇元

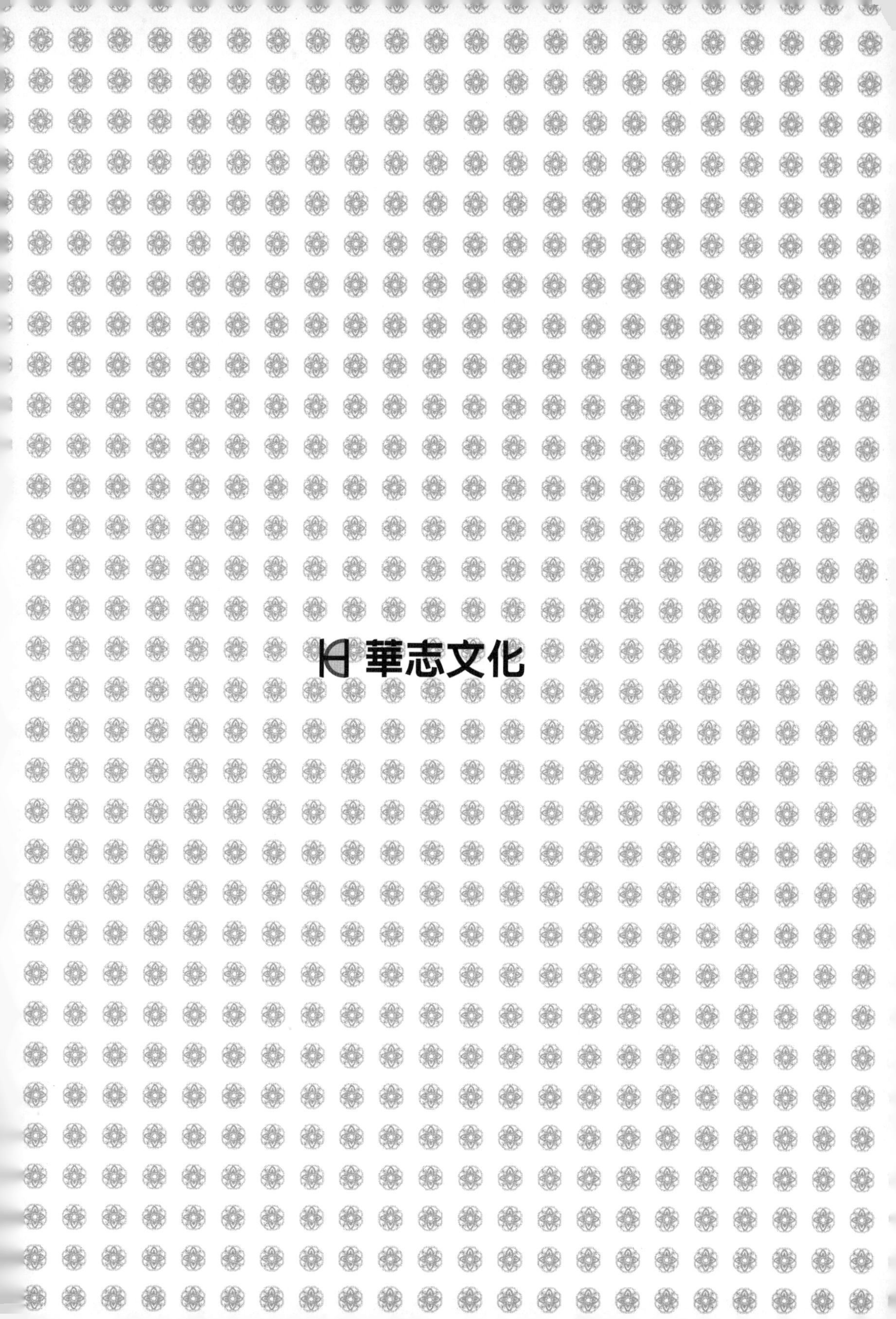
華志文化

華志文化